Hansruedi Preisig, Werner Dubach, Ueli Kasser, Karl Viridén
Deutsche Ausgabe: Sepp Starzner, Petra Wurmer-Weiß

Der ökologische Bauauftrag

Ein Leitfaden für die umweltgerechte
und kostenbewusste Planung

© der Originalausgabe 1999 Werd Verlag, Zürich, ISBN 3-85932-283-4,
unter dem Titel »Öko-logische Baukompetenz von A-Z. Ein Handbuch für
die kostenbewusste Bauherrschaft«

© der deutschen Ausgabe 2001 Verlag Georg D.W. Callwey GmbH & Co. KG,
Streitfeldstraße 35, 81673 München
www.callwey.de
E-Mail: buch@callwey.de

Die Deutsche Bibliothek – CIP-Einheitsaufnahme
Ein Titeldatensatz für diese Publikation ist bei der Deutschen
Bibliothek erhältlich.

ISBN 3-7667-1472-4

Fotos
Titelfoto: Christoph Reinhold
Fotos: Archiv Hansruedi Preisig, Zürich, Nina Mann (Seite 5), W. Nydegger
(Seite 22), Urs Fäh (Seite 23), Chr. Reinhold (Seite 24 links), Helbling &
Kupferschmid (Seite 24 rechts), W. Dubach (Seite 42), BUWAL (Seite 48),
F. Giovanelli (Seite 50), B. Grützmacher (Seite 60), K. Viridén (Seite 149),
T. Scholl (Seite 156)

Layout: Thomas Dätwyler
Grafiken: Werner Dubach, Zürich
Satz: Edith Mocker, Eichenau
Litho: Werd Verlag, Zürich
Druck und Bindung: Druckerei Diet, Buchenberg
Printed in Germany 2001

Inhalt

Editorial   **5**

Einführung   **13**

Bauherrenforderungen   **21**

    Niedrige Baukosten   22

    Einfacher Gebäudeunterhalt   32

    Gesunde Umwelt   42

    Gesunder Innenraum   50

    Niedrige Betriebskosten   60

Katalog von A bis Z   **69**

Checkliste   **176**

Editorial

Ökologisch bauen ist nicht einfach nur eine Frage des Engagements einiger weniger umweltbewusster Bauherrschaften:

Wer heute baut und sicher sein will, dass sein Bauwerk auch in zehn Jahren noch seinen Wert behält, muss sich mit Fragen der Ökologie und damit der Wohnqualität seines Objektes auseinandersetzen.

Ökologische Bauten sind – insbesondere wenn man die Betriebs- und Folgekosten mit einbezieht – nicht teurer als *normal gebaute Häuser*. Aber ökologisches und kostenbewusstes Bauen verlangt klare Zielvorgaben möglichst am Anfang, bevor der Architekt mit der Planung beginnt. Damit sind Sie als Bauherrschaft gefordert. Sie haben es in der Hand, wie ökologisch Ihr Gebäude einmal werden wird.

Zielvorgaben machen bedeutet, selber genau zu wissen, was man will, welche Möglichkeiten es gibt, und was man besser lässt. Für professionelle Bauherren gehören solche Anforderungen zum *Arbeitsalltag*. Einer Bauherrschaft, die nur einmal oder ab und zu baut, soll diese anspruchsvolle Arbeit durch das vorliegende Handbuch erleichtert werden.

Das Autorenteam,
von links nach rechts:
H. R. Preisig, U. Kasser,
K. Viridén und W. Dubach

Das Handbuch *Der ökologische Bauauftrag* ermöglicht es Ihnen, Punkt für Punkt ökologische Anliegen zu verstehen, zu bewerten, zu fordern, umsetzen zu lassen und zu kontrollieren. Sie bestellen ein ökologisches Haus, das Ihren Vorstellungen und Bedürfnissen entsprechen soll. Was beim Kauf einer Kaffeemaschine selbstverständlich ist, sollte auch beim Bauen vermehrt durchgesetzt werden. Als Bauherrschaft werden Sie damit zum kompetenten Ansprechpartner für die Planer und Architekten. Sie verfügen über die nötige *„öko-logische Baukompetenz"*, die Sie als Auftrag- und Geldgeber haben sollten. Ihr Haus bekommt mehr Lebensqualität und behält seinen Wert. Davon profitieren vor allem Sie selber, aber auch die Umwelt und die Gesellschaft.

Nachhaltig bauen –
ein Gebot der Stunde

Nachhaltigkeit ist in der heutigen Umweltschutzdiskussion zu einem Modewort geworden, das unterschiedlich definiert und interpretiert wird. Ursprünglich stammt der Ausdruck aus der Forstwirtschaft. Da galt bereits im letzten Jahrhundert die Regel, nur soviel Holz zu nutzen, wie auch nachwachsen konnte – also *vom Zins und nicht vom Kapital zu leben.*

Von der UNO-Kommission wurde Nachhaltigkeit als eine Entwicklung definiert, bei der die heutige Gesellschaft ihre Bedürfnisse befriedigt, ohne für zukünftige Generationen die Möglichkeit zu schmälern, ihre eigenen Bedürfnisse zu decken.

Der Anspruch von Nachhaltigkeit umfasst gesellschaftliche, wirtschaftliche und ökologische Anliegen. Besonders im Bauwesen wird seit vielen Jahren an der Erforschung und Umsetzung ökologischer Kriterien gearbeitet. Die Konsensfindung gleichwertiger Kriterien im wirtschaftlichen und vor allem im gesellschaftlichen Bereich hat erst begonnen und spielt sich vorwiegend auf einer politischen Ebene ab.

Dieses Handbuch konzentriert sich auf Ihre persönlichen und direkten Einflussmöglichkeiten als Bauherrschaft.
Sie entscheiden zusammen mit Ihrem Architekten über den Ressourcenverbrauch und die Umweltbelastung Ihres Gebäudes während der Herstellung und Nutzung über ein bis zwei oder sogar mehr Generationen.

Diskussion der Fragebogen durch die Bauherrinnen und Bauherren

Auswertung der Fragebogen durch das Bearbeitungsteam

Wer hinter diesem Handbuch steht

Das Buch ist aus einem Forschungsprojekt an einer Schweizer Fachhochschule, der Zürcher Hochschule Winterthur, entstanden. Grundlage war ein intensiver Dialog zwischen Laien, Architekten und Spezialisten.

Die Autoren Hansruedi Preisig, Prof. dipl. Arch., Zürich, Werner Dubach, Prof. dipl. Arch., Zürich, Ueli Kasser, dipl. Chem., Zürich, Karl Viridén, dipl. Arch., Zürich, sind Dozenten der Zürcher Hochschule Winterthur ZHW, Departement Architektur, Gestaltung und Bauingenieurwesen, Zentrum für Nachhaltiges Gestalten, Planen und Bauen, CH-8401 Winterthur www.nachhaltigesbauen.ch

Ohne die Grundaussagen und Wertungen zu verändern wurde das Handbuch auf die Verhältnisse in Deutschland übertragen. Dies betrifft insbesondere rechtliche Regelungen, Preise, Begrifflichkeiten, Bezugsquellen für Informationen und Internetadressen.

Die Autoren der deutschen Ausgabe – Sepp Starzner, Architekt Prof. Dipl.-Ing., Grafrath, und Petra Wurmer-Weiß, Architektin Dipl.-Ing. (FH), München – sind Projektleiter des Ökologischen Baustoffinformationssystems ECOBIS.
Prof. Sepp Starzner lehrt an der Fachhochschule Augsburg Hochbaukonstruktion und Baustoffkunde mit Schwerpunkt Nachhaltiges Bauen.

18 Bauherrenforderungen

Der eigentliche Hauptteil des Handbuches besteht aus *18 Bauherrenforderungen* mit ökologischen Anliegen. Diese sollten Sie – Seite für Seite – zusammen mit dem Architekten durcharbeiten. Daraus ergibt sich dann ein klares Bild Ihrer *wirklichen Wünsche* an das Bauprojekt. Übertragen in die Prioritätenliste als Bestandteil des Zielkataloges resultiert letztendlich der *ökologische Auftrag.*

Die Bauherrenforderungen sind in fünf Gruppen gegliedert, die die übergeordnete Zielrichtung anzeigen:
- Niedrige Baukosten
- Einfacher Gebäudeunterhalt
- Gesunde Umwelt
- Gesunder Innenraum
- Niedrige Betriebskosten

In diesen Forderungen sind Grundsätze enthalten, die alle Arten von Bauten betreffen. Schwerpunkt bilden aber die Wohnbauten, die im Handbuch die Grundlage für die Praxisbeispiele bilden.

Beispiel
einer Doppelseite

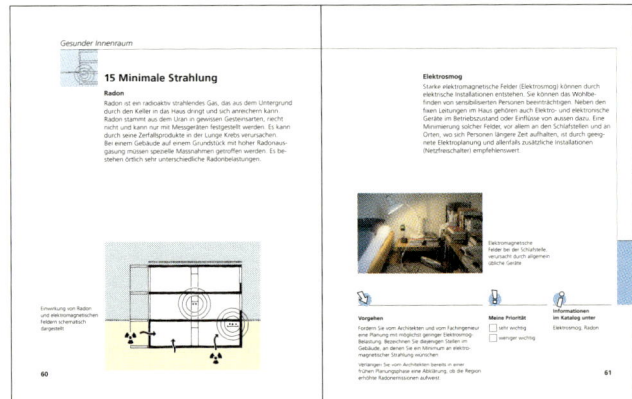

Katalog von A bis Z

Vertiefte Informationen zu den nur kurz und auf je einer Seite abgefassten Forderungen bietet der *Katalog von A bis Z.* Dabei handelt es sich nicht um ein systematisch aufgebautes und umfassendes Dokument. Vielmehr sind es Einzelthemen, zu denen Sie als Bauherrschaft noch mehr Information haben sollten und die ökologisch von Bedeutung sind. Das Thema Gebäudevolumen hat dabei ebenso Platz wie beispielsweise die Wahl des Teppichs. Es ist Ihr Nachschlagewerk während des ganzen Planungs- und Bauprozesses. Jedes Thema ist wiederum auf einer Seite behandelt und enthält am Schluss Literatur- und Beratungshinweise, speziell ausgewählt für Ihre Bedürfnisse.

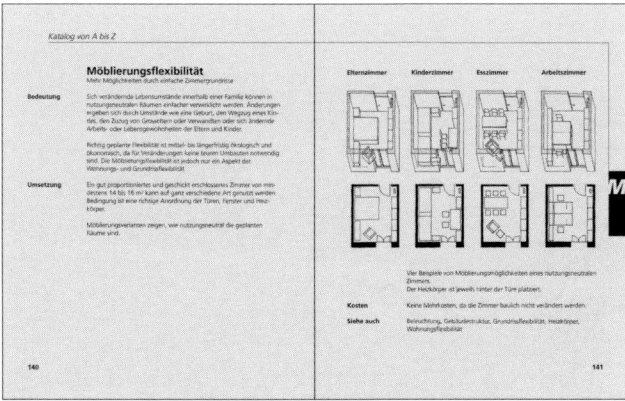

Beispiel
einer Doppelseite

Ökologie einplanen

Vier ökologische Prinzipien beziehen sich unmittelbar auf die Umwelt und führen zu mehr Nachhaltigkeit:

- Der Raubbau der nicht erneuerbaren Ressourcen ist zu vermeiden.
- Die Regeneration der erneuerbaren Ressourcen muss gewährleistet sein.
- Die Belastung der Umwelt mit giftigen Abfällen und Rückständen ist zu reduzieren.
- Die biologische Vielfalt muss erhalten bleiben.

Die Meinungen, wie rasch und in welchem Ausmaße diese Vermeidungs-, Reduktions- und Erhaltungsprinzipien umgesetzt werden sollen, gehen dabei allerdings weit auseinander. Letzten Endes ist es aber immer eine Ermessensfrage, ob die Menschheit mehr vom Treibhauseffekt, vom Waldsterben, von der Ozonschicht oder von knapper werdenden Rohstoffen bedroht ist.

Auch auf der konkreten Ebene des Bauens ist es nicht immer eindeutig, welche Maßnahmen zum Ziel führen. Die Bautechnik ist einer raschen Änderung unterworfen, Voraussagen sind schwierig. So ist es oftmals nicht möglich, wichtige Faktoren, wie beispielsweise die Lebensdauer von Konstruktionen und Materialien, abschließend zu beurteilen. Trotz all diesen Unsicherheiten können Sie während der Projektierung und Realisierung maßgeblich Einfluss nehmen und Vorkehrungen treffen, die die Nachhaltigkeit begünstigen.

Nicht erneuerbare Ressourcen

Eine ressourcenschonende Bauweise kann mit außerordentlich vielen Maßnahmen erreicht werden. Die wichtigste ist die Minimierung der Betriebsenergie und die Minimierung des Verbrauchs nicht erneuerbarer Brennstoffe für Heizung und Warmwasser. Nicht erneuerbare Rohstoffe stecken aber auch in den vielen Baumaterialien, die erst noch mit nicht erneuerbaren Energien hergestellt werden. Neben der Wahl von Baustoffen mit geringer Herstellungsenergie (Graue Energie) und der Verwendung von Recyclaten führen einfache und kompakte Bauweisen zu einem rohstoffarmen Gebäude. Gut geschützte, leicht auswechselbare und unterhaltsfreundliche Gebäudeteile tragen zu einer langen Lebensdauer und Beständigkeit bei, wie flexible Grundrisse, die eine einfache und rasche Anpassung an sich ändernde Marktbedürfnisse erlauben.

Erneuerbare Ressourcen

Holz ist der mit Abstand bedeutendste erneuerbare Rohstoff in der Bauwirtschaft. Er hat unter den Aspekten einer nachhaltigen Entwicklung große Vorteile. Die Herstellung von Holzkonstruktionen erfordert in der Regel weniger Graue Energie. Der Rohstoff Holz wird auch zukünftigen Generationen zur Verfügung stehen, jedoch nur wenn die Wälder nachhaltig bewirtschaftet werden. Es muss absolut vermieden werden, dass dieser Baustoff aus dem Kahlschlag sibirischer, kanadischer oder tropischer Wälder stammt.

Umweltbelastung

Die Reduktion von giftigen und umweltbelastenden Rückständen und Abfällen wird mit dem Prinzip der Minimierung von nicht erneuerbaren Rohstoffen bereits in hohem Maße abgedeckt. Der Abbau, die Förderung und die Nutzung nicht erneuerbarer Energieträger verursacht in großem Maße Umwelteinwirkungen wie beispielsweise den Treibhauseffekt, die Versäuerung und Überdüngung des Bodens, die Verschmutzung der Weltmeere und die Risiken der Kernenergie. Baustoffe, die während der Herstellung, der Verarbeitung, der Nutzung oder der Entsorgung giftige Rückstände und Abfälle verursachen, sind zu vermeiden.

Biologische Vielfalt

Jedes Gebäude ist ein Eingriff in die Natur und reduziert die biologische Vielfalt in mehr oder weniger großem Maß. Vorkehrungen zur naturnahen Gestaltung der Umgebung und zur Regenwasserversickerung sind deshalb ein Muss. Aber auch durch das rohstoffarme Bauen wird indirekt ein Beitrag zur Erhaltung der biologischen Vielfalt erreicht. Namentlich Abbau und Nutzung nicht erneuerbarer und fossiler Rohstoffe bedroht in vielen Fällen die natürliche Vielfalt von Pflanzen und Tieren im Ökosystem.

Bauherrenforderungen im Zielkatalog

Die Forderungen zu einer ökologischen Bauweise sind im *Zielkatalog* für den Architekten aufzuführen. Ein schriftlich formulierter Zielkatalog ist bei *Ab- und Zu-Bauherren* allerdings noch nicht so üblich, aber unbedingt erstrebenswert. Weil Wünsche und Rahmenbedingungen sonst von Ihnen als Bauherrschaft häufig nur mündlich geäußert oder allenfalls in Protokollen festgehalten werden, können leicht Missverständnisse entstehen. Das kann zu unnötigen Kosten führen oder sinnvolle Lösungen schlicht unmöglich machen.

Der Zielkatalog sollte zum festen Vertragsbestandteil zwischen Ihnen und dem Architekten werden. Er enthält Angaben, was Sie verwirklichen wollen und unter was für Rahmenbedingungen das Gewollte zu realisieren ist. Er bildet die Basis für die Projektierungsarbeiten durch die ArchitektInnen. Der Zielkatalog wird vom Architekten nach Ihren Zielvorstellungen vor dem eigentlichen Planungsprozess erstellt. Er ist ein dynamisches Instrument, das dem Planungs- und Baufortschritt entsprechend weiterbearbeitet und präziser ausgestaltet wird.

Die Honorarordnung für Architekten und Ingenieure (HOAI) führt als Grundleistung in der Leistungsphase (LPH) Vorplanung das Aufstellen eines planungsbezogenen Zielkatalogs (Programmziele) auf. Dieser ist Ausgangspunkt für den Planungsprozess.

Grundlagenermittlung (LPH 1)	Zielkatalog	Projektierung Vorplanung (LPH 2) Entwurfsplanung (LPH 3) Genehmigungsplanung (LPH 4) Ausführungsplanung (LPH 5)	Realisierung Ausschreibung (LPH 6 + 7) Bauüberwachung (LPH 8)	Nutzung Bewirtschaftung Rückbau (Abbruch)

Bauherrenforderungen und ihre Prioritäten

Die in diesem Handbuch in 18 ökologische Zielvorgaben aufgeteilten Bauherrenforderungen sind nach Prioritäten in den Zielkatalog aufzunehmen. Dazu haben Sie für jede der 18 Forderungen Ihre Priorität festzulegen.

Sie können wählen zwischen

Meine Priorität

☐ sehr wichtig

☐ weniger wichtig

Sehr wichtig

heißt, dass Sie bei dieser Forderung eine klare Priorität setzen und diese während des gesamten Bauablaufes aktiv verfolgen wollen.

Weniger wichtig

heißt, dass diese Forderung für Sie nicht prioritär ist und dass dieser Themenbereich dem verantwortungsbewussten Handeln der ArchitektInnen und PlanerInnen überlassen wird. *Weniger wichtig* bedeutet aber keinesfalls, dass nicht nach den Regeln und dem Stand der Technik gearbeitet werden müsste.

Die Priorität wird bereits beim Studium jeder einzelnen Bauherrenforderung durch Sie festgelegt und dann in die Prioritätenliste des aufklappbaren Teiles am Schluss des Handbuches eingetragen. Vertiefte Informationen im Katalog von A bis Z helfen Ihnen bei der Entscheidungsfindung. Je früher Prioritäten festgelegt werden, desto besser können sich ArchitektInnen bei ihrer Projektierungsarbeit darauf abstützen.

Bauherrenforderungen im Planungsablauf

Der Zielkatalog mit den Bauherrenforderungen ist Ihr ständiger Begleiter während des gesamten Bauprozesses. Nur so ist die Gewähr gegeben, dass auch alle Bauherrenforderungen wirklich umgesetzt werden. Außerdem müssen im Laufe des Baufortschrittes die Forderungen noch entsprechend präziser ausformuliert werden. Basis dazu bilden die Informationen im Katalog von A bis Z.

Checkliste **zur Überprüfung Ihrer Bauherrenforderungen**

Strategische Planung	Vorstudien

1 Diskutieren Sie die Kriterien Raumgrösse, Raumorganisation, Raumqualität und Flexibilität anhand der ersten Grundriss- und Schnittpläne.

2 Lassen Sie sich die Kompaktheit verschiedener Varianten anhand der Kenndaten Nutzfläche, Gebäudehüllenfläche und Volumen erklären.

3 Gleichartige Zonen können für Sie durch verschiedenfarbig bezeichnete Flächen in Grundriss- und Schnittplänen besser erkennbar gemacht werden.

4 Stellen Sie die Frage nach der Möglichkeit einer Vorfabrikation des projektierten Objektes sowie nach der Zeit- und Kosteneinsparung.

5 Lassen Sie sich die schützenden Elemente anhand der Fassadenpläne erklären und allfällige Konsequenzen aufzeigen.

6 Für Sie ist die Auswechselbarkeit z. B. von Bodenbelägen, Fenstern, Fassadenverkleidungen usw. nicht einfach zu erkennen; lassen Sie sie anhand von Plänen speziell erläutern.

7 Lassen Sie sich die Zugänglichkeit von Schächten und Installationen erläutern.

8 Besprechen Sie die Reinigung und Renovierbarkeit der vorgesehenen Materialien z. B. für Böden und Wände. Bringen Sie Ihre eigenen Erfahrungen und Wünsche ein.

9 Sind die Möglichkeiten der Nutzung erneuerbarer Energien ausreichend berücksichtigt? Lassen Sie sich eine Kosten-Nutzen-Rechnung erstellen und die betrieblichen Vor- und Nachteile erläutern.

10 Lassen Sie die Graue Energie als Leitgrösse für Ressourcen schonende Materialien für verschiedene Konstruktionsvarianten abschätzen.

11 Wird durch die vorgesehene Umgebungsgestaltung die Artenvielfalt von Pflanzen und Tieren gefördert?

Checkliste zur Überprüfung der Bauherrenforderungen

Dazu ist es wichtig zu wissen, welche Phase des Planungsablaufs von der entsprechenden Forderung betroffen ist und wie Sie sich in den Bearbeitungs- und Entscheidungsprozess einbringen können.

Die Positionierungen im Planungsablauf sowie eine Checkliste zur Überprüfung der 18 Bauherrenforderungen sind für Sie im aufklappbaren Teil des Handbuches angegeben. Die Basis dazu bildet der Planungsablauf nach den Leistungsphasen der Honorarordnung für Architekten und Ingenieure (HOAI).

planablauf

ektierung		Realisierung		Nutzung	
rojekt	Bauprojekt	Ausschreibung	Ausführung, Inbetriebsetzung, Abschluss	**Niedrige Baukosten**	**Meine Priorität**
				1 Angemessener Standard	☐ sehr wichtig ☐ weniger wichtig
				2 Kompakte Gebäudeform	☐ sehr wichtig ☐ weniger wichtig
				3 Einfache Gebäudestruktur	☐ sehr wichtig ☐ weniger wichtig
				4 Rationelles Bauen	☐ sehr wichtig ☐ weniger wichtig
				Einfacher Gebäudeunterhalt	
				5 Witterungsgeschützte Fassaden	☐ sehr wichtig ☐ weniger wichtig
				6 Auswechselbare Bauteile	☐ sehr wichtig ☐ weniger wichtig
				7 Zugängliche Installationen	☐ sehr wichtig ☐ weniger wichtig
				8 Unterhaltfreundliche Innenbauteile	☐ sehr wichtig ☐ weniger wichtig
				Gesunde Umwelt	
				9 Erneuerbare Energien	☐ sehr wichtig ☐ weniger wichtig
				10 Ressourcen schonende Materialien	☐ sehr wichtig ☐ weniger wichtig
				11 Naturnahe Umgebungsgestaltung	☐ sehr wichtig ☐ weniger wichtig

herrenforderungen
Planungsablauf

Bauherrenforderungen
und Prioritäten

19

Bauherrenforderungen

Niedrige Baukosten

1 Angemessener Standard
2 Kompakte Gebäudeform
3 Einfache Gebäudestruktur
4 Rationelles Bauen

Einfacher Gebäudeunterhalt

5 Witterungsgeschützte Fassaden
6 Auswechselbare Bauteile
7 Zugängliche Installationen
8 Unterhaltsfreundliche Innenbauteile

Gesunde Umwelt

9 Erneuerbare Energien
10 Ressourcen schonende Materialien
11 Naturnahe Umgebungsgestaltung

Gesunder Innenraum

12 Behagliche Räume
13 Ausreichender Luftwechsel
14 Schadstoffarme Materialien
15 Minimale Strahlung

Niedrige Betriebskosten

16 Niedriger Energiebedarf
17 Sparsamer Wasserhaushalt
18 Niedrige Stromrechnung

Niedrige Baukosten

1 Angemessener Standard

2 Kompakte Gebäudeform

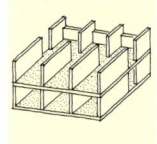

3 Einfache Gebäudestruktur

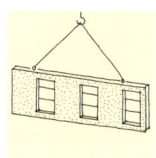

4 Rationelles Bauen

Rationelles Bauen durch Vorfabrikation im Massivbau

Bedeutung

In einer frühen Planungsphase sind ökologische Maßnahmen zugleich auch Kosten senkend. Wenn man nur so viel Gebäudefläche verbaut und nur so viel technischen und raumklimatischen Komfort vorsieht, wie man braucht, senkt dies die Baukosten und entlastet die Umwelt. Eine einfache Gebäudeform, eine einfache Gebäudestatik, eine logische Organisation im Innern des Gebäudes sowie eine rationelle Bauweise sind ökologisch und ökonomisch wirksam. Tiefe Baukosten sollen nicht durch Abstriche an der Lebens- und Arbeitsqualität für BenutzerInnen, der gestalterischen Qualität oder durch Vernachlässigung der Dauerhaftigkeit eines Gebäudes erreicht werden. Mit einfachen und logischen Konzepten können die Qualität und die Dauerhaftigkeit verbessert und die Baukosten reduziert werden.

Ökologisches und kostengünstiges Mehrfamilienhaus durch kompakte Gebäudeform, einfache Statik und Organisation sowie Vorfabrikation der Außenwände im Holzsystembau

WIE GROSS UND
WIE VIEL?

1 Angemessener Standard

Raumbedarf und Komfort bestimmen maßgebend die Kosten und die Auswirkungen auf die Umwelt. Die Verständigung zwischen Ihnen und dem Planer hat vor allem am Anfang der Planung eine große Bedeutung. Formulieren Sie Ihre Anforderungen und Bedürfnisse an das zukünftige Gebäude so präzis wie möglich. Damit können Sie vermeiden, dass der Architekt einen Gebäudestandard plant, der über Ihre Bedürfnisse hinausgeht. Wenn Sie keine übertriebenen Komfortansprüche stellen und Ihre Vorstellungen zu hinterfragen bereit sind, geben Sie dem Architekten Spielraum für kostengünstige, ökologische und kreative Lösungen. Prüfen Sie Ihre Ansprüche und Bedürfnisse anhand der folgenden Kriterien:

Einfacher, benutzergerechter Standard einer Wohnüberbauung

Einfacher Innenausbau-Standard am Beispiel einer Küche

Raumgrößen

Flächen (Volumen) für Haupt-, Nebennutzungen und Erschließung

Raumorganisation

Organisatorische Zusammenhänge der verschiedenen Raumgruppen
Möglichkeiten späterer Nutzungsveränderungen (zum Beispiel
Raumunterteilungen, Raumzusammenfassungen, Dachausbau
oder Kellerausbau)

Raumqualität

Räumliche Anforderungen der verschiedenen Raumgruppen an:
Raumtemperatur, Lärmtoleranz, Tages- und Kunstlichtbedarf,
Notwendigkeit von Beschattungs- und Verdunklungselementen,
Beziehung zur Umgebung (Außenraum)

Flexibilität

Veränderte Nutzungsbedürfnisse: Grundriss- und Möblierungsflexibilität

Vorgehen

Diskutieren Sie Ihre Vorstellungen mit dem
Architekten, bevor die ersten Projektskizzen erstellt
werden.

Meine Priorität

☐ sehr wichtig

☐ weniger wichtig

**Informationen
im Katalog unter**

Grundrissflexibilität,
Möblierungsflexibilität,
Wohnungsflexibilität

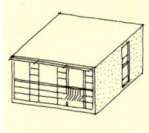

2 Kompakte Gebäudeform

Einfache, kompakte Gebäudeformen benötigen nicht nur weniger Land, sie tragen entscheidend dazu bei, Bau-, Betriebs- und Unterhaltskosten zu senken und Ressourcen zu schonen. Über 50 % der Baukosten stecken in der Gebäudehülle und in der Tragkonstruktion. Von der für die Herstellung der Baustoffe notwendigen Energie, der so genannten Grauen Energie, stecken häufig über 80 % in der Tragkonstruktion und der Gebäudehülle. Je kleiner die Fläche der Gebäudehülle für eine bestimmte Nutzfläche ist, desto geringer sind die Gesamtkosten und der Bedarf an Energie und Rohstoffen für das Gebäude. Über die Kompaktheit des Gebäudes wird im Stadium der ersten Projektentwürfe entschieden. Der Einfluss auf Kosten und Ökologie ist bedeutend größer als bei den Entscheidungen in späteren Bauphasen.

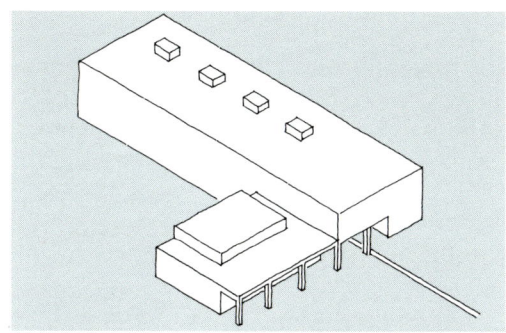
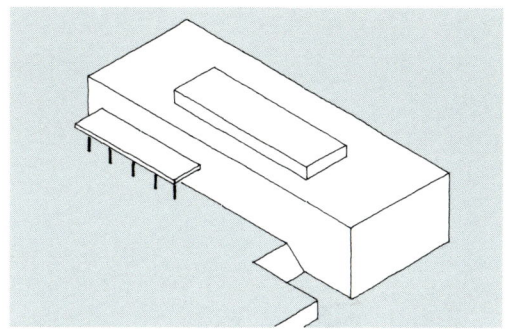

Nutzfläche	2040 m²	100%		Nutzfläche	2040 m²	100%
Gebäudehüllenfläche	3390 m²	100%		Gebäudehüllenfläche	2632 m²	78%
Volumen	9702 m³	100%		Volumen	9257 m³	95%

Das Gebäude rechts ist wesentlich kompakter. Bei gleicher Nutzfläche ist die Gebäudehüllenfläche um 22 %, das Gebäudevolumen um 5 % geringer. Eine solche Maßnahme senkt die Kosten und spart Ressourcen in großem Maße (Variantenstudie für eine Schulhausanlage).

Vorgehen

Verlangen Sie vom Architekten Varianten, die die Kompaktheit aufzeigen.

Meine Priorität

☐ sehr wichtig

☐ weniger wichtig

Informationen im Katalog unter

Gebäudestruktur, Gebäudevolumen, Mehrgeschossigkeit

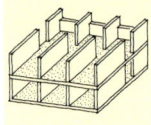

3 Einfache Gebäudestruktur

Unter Gebäudestruktur versteht man die Art der Anordnung der Räume horizontal innerhalb eines Geschosses und vertikal über die verschiedenen Stockwerke. Die Merkmale einer einfachen Gebäudestruktur sind vielfältig, die wichtigsten lassen sich wie folgt umschreiben.

Zonierung nach Nutzung und Installationsbedarf

Hauptnutzungen (Wohnen/Arbeiten), Erschließung (Korridore/Treppen), Nasszellen (Küchen, Toiletten, Bad) und Nebennutzungen (Abstellräume/Haustechnik) sind zu Raumgruppen zusammenzufassen. Die Installationsverteilung für Heizung, Sanitär, Licht und Medien sollte möglichst einfach und über kurze Distanzen erfolgen. Räume mit Kalt- und Warmwasser sind direkt übereinander anzuordnen (vertikale Zonierung).

Klare Zonenbildungen
verschiedener Nutzungen

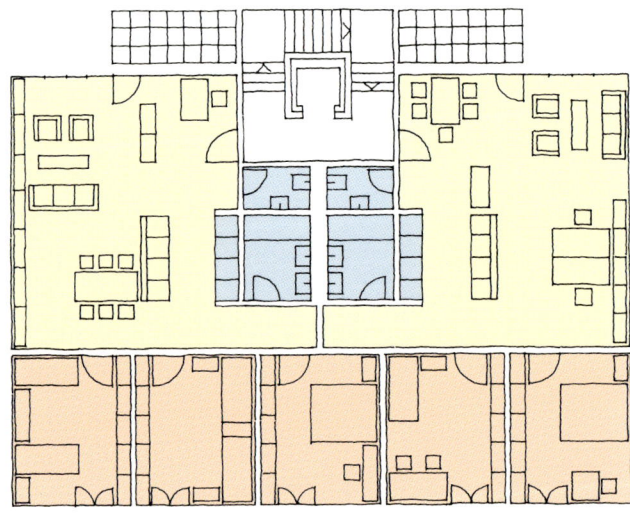

Zonierung nach Anforderungen

Räume mit gleichen oder ähnlichen Anforderungen an Tageslichtnutzung, Raumklima und Lärmschutz sind räumlich zusammenzufassen.

Statik

Die Tragstruktur sollte kurze Spannweiten aufweisen und eine
geradlinige Lastableitung ermöglichen, die eine spätere räumliche
Veränderbarkeit nicht einschränkt. Eine geradlinige Lastableitung
ist sowohl ökonomisch wie ökologisch.

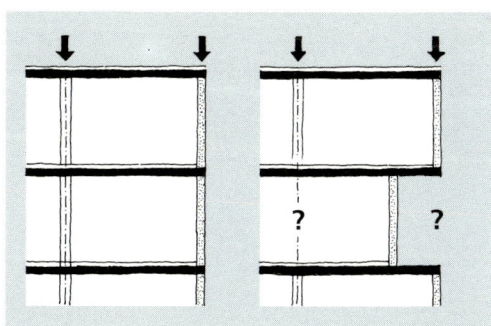

Einfache Struktur durch   Lastableitung kompliziert
geradlinige Lastableitung

Vorgehen

Die Gebäudestruktur ist für den Laien nicht einfach
erkennbar. Trauen Sie sich, dem Architekten entsprechende Fragen zu stellen.

Meine Priorität

☐ sehr wichtig

☐ weniger wichtig

**Informationen
im Katalog unter**

Gebäudestruktur,
Grundrissflexibilität,
Möblierungsflexibilität

29

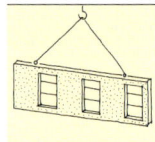

4 Rationelles Bauen

Im Vergleich zum Ausland ist Bauen in Deutschland relativ teuer. In den letzten 30 bis 40 Jahren hat der hohe Lebensstandard zu ständig wachsenden Ansprüchen und Erwartungen geführt. Dem kostengünstigen und effizienten Bauen wurde relativ wenig Beachtung geschenkt. Heute findet ein Umdenken statt. Es gibt verschiedene Ansätze, die eine Rationalisierung der Planung und Ausführung ermöglichen. Rationelles Bauen verbunden mit sorgfältiger Planung führt oft zu ökologischen Gebäuden.

• Die Planungsinstrumente des Architekten erlauben heute eine klare Strukturierung des Planungs- und Bauablaufes mit Leistungsnachweis, Kostenkontrolle und Qualitätssicherung für jede Phase (Grundlagenermittlung, Projektierung und Realisierung).

• Die Vorfabrikation wie zum Beispiel der Holz-, Ziegel- oder Betonelementbau verkürzt die Bauzeit, begünstigt Qualität und Präzision (Arbeit in der Werkhalle), verlangt jedoch eine exakte Planung.

• Innovative UnternehmerInnen bieten vermehrt Leistungspakete an, welche die Koordination auf der Baustelle vereinfachen. Die Haftungsfrage und Verantwortung verteilen sich auf wenige VertragspartnerInnen.

Rationelles Bauen durch Vorfabrikation im Holzsystembau bei einem Mehrfamilienhaus

Rationelles Bauen durch Vorfabrikation im Stahl-/Betonbau bei einem Geschäftshaus

Vorgehen

Rationelles Bauen ist mit einem größeren Planungsaufwand verbunden. Achten Sie auf eine sorgfältige Beschreibung der Leistung im Architektenvertrag.

Meine Priorität

☐ sehr wichtig

☐ weniger wichtig

Informationen im Katalog unter

Architektenvertrag,
Gebäudestruktur,
Holzsystembau

31

Einfacher Gebäudeunterhalt

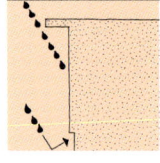

5 Witterungsgeschützte Fassaden

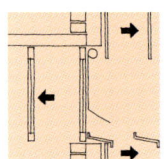

6 Auswechselbare Bauteile

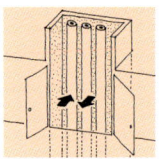

7 Zugängliche Installationen

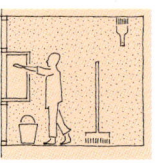

8 Unterhaltsfreundliche Innenbauteile

Bedeutung

Ein einfacher Gebäudeunterhalt bedeutet geringere Unterhaltskosten, eine bessere Werterhaltung sowie eine geringere Belastung der Umwelt durch periodisch anfallende Sanierungs- und
Unterhaltsarbeiten. Der Aufwand und die Kostenfolgen für Er-
neuerungen werden während der Planung oft vergessen. Ein einfacher Gebäudeunterhalt wird als selbstverständlich angenom-
men. Ob ein Gebäude jedoch tatsächlich einfach zu unterhalten
ist, zeigt sich erst bei der späteren Nutzung. Dann ist es häufig
zu spät oder zu kostspielig, um noch korrigierende Maßnahmen
vornehmen zu können. Ein einfacher Gebäudeunterhalt kann
nicht erst am Schluss eines Bauprozesses dem Objekt quasi über-
gestülpt werden. Die Forderungen sind in einer frühen Planungsphase zu berücksichtigen. Auch aus der Sicht der Bauökologie
wird dem einfachen Gebäudeunterhalt zu wenig Beachtung
geschenkt.

Geringere Unterhaltsarbeiten bei
witterungsgeschützter Fassade

Geringere Umweltbelastung durch Einplanung einer
einfachen Fassadensanierungsmöglichkeit

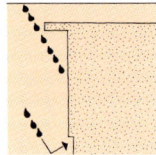

5 Witterungsgeschützte Fassaden

Vor allem bei Nord- und Westfassaden sind die Dachrand- und Sockelbereiche durch die Witterung stark beansprucht. Spritzwasser und Schlagregen führen zu einer großen Belastung der Materialien. Durch konstruktive Elemente wie Vordach und Sockel kann diese reduziert werden. Geschützte Fassaden müssen weniger intensiv unterhalten werden und weisen eine markant höhere Lebensdauer auf. Besonders empfindlich sind bei einem fehlenden Dachvorsprung fassadenbündige Fenster und Türen aus Holz. Grundsätzlich bedeutet ein Vordach für alle Fassaden weniger Unterhalt und längere Lebensdauer.

- Durch einen Witterungsschutz lässt sich die Lebensdauer von feuchtigkeitsempfindlichen Materialien um 50 bis 100 % erhöhen. Die Mehrkosten solcher Schutzmaßnahmen sind gering, zurückgesetzte Fenster und Türen beispielsweise verursachen keine Mehrkosten. Bei Holzfenstern werden dadurch die Unterhaltskosten etwa halbiert und die Lebensdauer verdoppelt.

- Der ökologische Nutzen liegt in der Ressourcenschonung und der geringeren Belastung der Umwelt durch weniger Unterhalts- und Sanierungsarbeiten.

Schutz der Holzschalung vor Feuchte durch Betonsockel

Schutz des Verputzes vor Feuchte durch Betonsockel

Vorgehen

Lassen Sie sich den Witterungsschutz durch den Architekten anhand gebauter Beispiele erklären.

Meine Priorität

☐ sehr wichtig

☐ weniger wichtig

**Informationen
im Katalog unter**

Fassade,
Fenster,
Lebensdauer

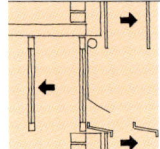

6 Auswechselbare Bauteile

Bauteile oder einzelne Schichten von Bauteilen mit einer kürzeren Lebensdauer müssen abtrenn- und auswechselbar sein. Die angrenzenden Schichten mit einer längeren Lebensdauer sollten möglichst wenig oder gar nicht beschädigt werden. Der Trennungsaufwand sollte möglichst gering sein.

• Generell nur geschraubte oder genagelte Verbindungstechniken (keine Montageschäume),

• Schwimmend verlegte Bodenbeläge (Parkettböden); gespannte oder nur mit Klebebändern befestigte Teppiche oder Linoleumböden, sofern dies die Beanspruchung erlaubt,

• Einfach demontierbare Fensterrahmen und -profile; mechanisch befestigte Türzargen aus Holz; auswechselbare Fassadenverkleidungen; Leichtbau- und Elementbauwände.

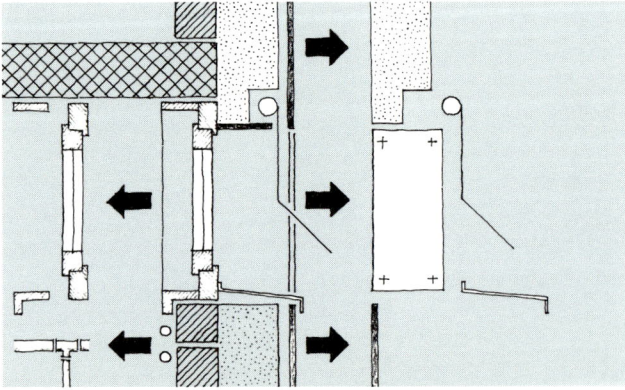

Schematische Auswechselbarkeit verschiedener Bauteile

Trenn- und auswechselbare Bauteile sind nicht mit Mehrkosten verbunden, wenn dies mit einer sinnvolleren Konstruktion erreicht werden kann. Höhere Erstellungskosten ergeben sich bei so genannten mechanischen Maßnahmen anstelle einer Verklebung. Allerdings zahlen sich solche Mehrkosten bei den ersten Sanierungsarbeiten um ein Mehrfaches aus. Der ökologische Nutzen liegt vor allem in der geringeren Umweltbelastung (Abfall, Rohstoffe) und dem geringen Aufwand während den Sanierungsarbeiten. Trenn- und auswechselbare Bauteile sind eine Voraussetzung für einfache Renovierungsarbeiten, Wiederverwendung und Recycling.

Einfach auswechselbare Fassadenverkleidung

Vorgehen

Führen Sie mit dem Architekten in den Phasen der Ausführungsplanung und Ausschreibung die Diskussion der Auswechselbarkeit der Bauteile.

Meine Priorität

☐ sehr wichtig
☐ weniger wichtig

Informationen im Katalog unter

Elastische Bodenbeläge, Fassade, Fenster, Heizkörper, Lebensdauer, Parkett, Teppiche

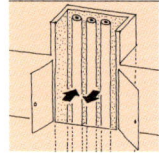

7 Zugängliche Installationen

Eine regelmäßige Reinigung und Wartung von Installationen und Bauteilen trägt wesentlich zur Werterhaltung und Lebensdauer eines Gebäudes bei. Deshalb müssen alle zu unterhaltenden oder zu kontrollierenden Stellen, unter anderem auch die Haustechnikinstallationen, für Fachleute und BenutzerInnen leicht zugänglich sein:

Haustechnik

Die Sanitär-, Heizungs-, Lüftungs-, und Elektroleitungen sind über einen vertikalen Schacht im Kern des Gebäudes (zum Beispiel in Nasszellen und Korridorbereichen) zu führen. Die Horizontalverteilungen sollten nicht eingemauert oder einbetoniert werden.

Installationen angeordnet in einer gut zugänglichen Schrankzone

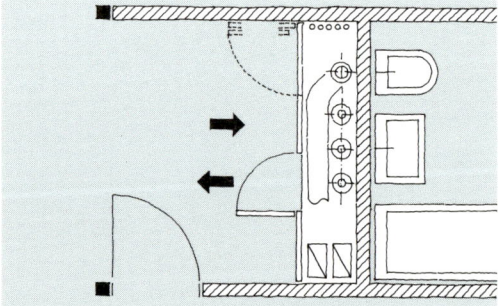

Zugänglicher Installationsschacht im Bad-/WC-Bereich durch zu öffnendes Abschlusselement

Sie können hinter Verkleidungen oder in abgehängten Decken geführt werden. Kurze Leitungsstrecken sind von Vorteil. Bei gut gedämmten Fassaden und Fenstern können Heizkörper im Türbereich platziert werden, was die Horizontalverteilungen wesentlich reduziert und die offene Leitungsführung erleichtert. Bei der Badewanne sind Serviceöffnungen vorzusehen.

Gebäudeteile

Glasdächer, Dachrinnen, Abfallrohre, Sickerleitungen und Spülstutzen müssen leicht zu reinigen sein. Flachdächer müssen begehbar sein. Dichtungen mit Fugenmassen sollten vermieden werden oder aber für Sanierungsarbeiten leicht zugänglich sein.

Eventuelle Mehrkosten bei der Erstellung des Gebäudes zahlen sich durch geringere Unterhalts- und Sanierungskosten sowie durch die Werterhaltung aus. Werterhaltung, Verlängerung der Lebensdauer und Minimierung des Unterhaltsaufwandes sind vorrangige, ökologische Postulate.

Vorgehen

Lassen Sie durch den Architekten festlegen, welche Installationen und Gebäudeteile für Sie als BauherrIn oder für den Fachmann zugänglich sein müssen.

Meine Priorität

☐ sehr wichtig
☐ weniger wichtig

Informationen im Katalog unter

Gebäudestruktur, Heizkörper, Lebensdauer, Zu- und Abluftanlagen

8 Unterhaltsfreundliche Innenbauteile

Der Unterhalt von Boden-, Wand- und Arbeitsflächen besteht aus der regelmäßigen Reinigung und der gelegentlichen Erneuerung der obersten Schicht. Eine einfache Reinigung heißt nicht zwingend auch eine einfache Schichterneuerung. Die Frage, ob ein Produkt unterhaltsfreundlich ist, ist in Fachkreisen oft umstritten. Besondere Vorsicht ist bei den Aussagen von Bodenbelagsherstellern geboten. Praktisch alle argumentieren mit der Unterhaltsfreundlichkeit ihrer Produkte. Die Reinigungs- und Unterhaltsintensität ist von vielen Faktoren wie Farbe, Beanspruchung, Musterung, Glanzgrad, Produktqualität und Art der Oberflächenbehandlung abhängig. Trotzdem seien ein paar Planungsgrundsätze gewagt:

- Gut bemessene und einfach zu reinigende Schmutzschleusen im Eingangsbereich von Gebäuden wirken sich positiv auf die Reinigung und Werterhaltung von Bodenbelägen aus.

- Schwarze und helle, unifarbene sowie glänzende Oberflächen sind heikel, weil man den in Kratzspuren abgelagerten Schmutz optisch gut wahrnimmt. Grobkörnige Putze sind Staubfänger und aufwändig in der Reinigung und Erneuerung des Farbanstriches. Lasuren auf wenig beanspruchten Holzverschalungen lassen sich einfacher renovieren.

- Bodenbeläge sind besonders beansprucht, reinigungs- und unterhaltsintensiv.

Beläge	laufende Reinigung	Erneuerung der obersten Schicht
Keramik, Klinker	einfach	nicht erforderlich
Tonplatten	einfach, wenn kleine Poren	nicht erforderlich
Kunst- und Natursteine	einfach, wenn kleine Poren	nicht erforderlich
Versiegelte Kunststoff-, Linoleum- und Parkettböden	einfach	aufwändig und umweltbelastend
Nicht versiegelte Linoleum- und Kunststoffböden	einfach	nicht erforderlich, regelmäßige Wischpflege
Geölte Parkette und Holz	einfach	nicht erforderlich, gelegentliches partielles Ölen
Textile Bodenbeläge	einfach, Fleckenentfernung und Grundreinigung aufwändig	nicht möglich

Vorgehen

Lassen Sie sich bei der Materialwahl Muster zeigen; besuchen Sie die Baumusterschauen. Holen Sie auch die Meinung produktneutraler Reinigungsfachleute ein.

Meine Priorität

☐ sehr wichtig
☐ weniger wichtig

Informationen im Katalog unter

Böden aus Stein- und Tonplatten, Elastische Bodenbeläge, Malerarbeiten innen, Parkett, Teppiche

Gesunde Umwelt

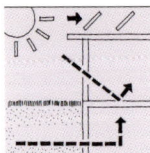

9 Erneuerbare Energien

10 Ressourcen schonende Materialien

11 Naturnahe Umgebungsgestaltung

Kollektoranlage auf dem Dach zur
Nutzung der Sonnenenergie

Bedeutung

Eine gesunde Umwelt, die es allen Menschen und auch zukünftigen Generationen ermöglicht, ihre grundlegenden Bedürfnisse zu befriedigen, bedeutet:

- Der Raubbau an Erdöl, Erdgas, Kohle und metallischen Erzen muss vermindert werden.

- Die erneuerbaren Ressourcen, wie Holz und pflanzliche Rohstoffe, müssen genutzt und gefördert werden, ihre Erneuerbarkeit muss erhalten bleiben.

- Eine Zunahme der schädlichen und giftigen Rückstände in Luft, Wasser und Boden muss vermieden werden.

- Der Lebensraum für die natürliche Vielfalt von Pflanzen und Tieren muss qualitativ erhalten bleiben.

Eine gesunde Umwelt wird nicht allein durch große politische Entscheide oder durch bahnbrechende Technologien erreicht. Jeder Einzelne, insbesondere auch Sie als BauherrIn haben bei der Planung und Ausführung eines Gebäudes oder einer Renovation die einmalige Chance, Ihren Beitrag zu leisten.

Fassadenbegrünung
als zusätzlicher Raum für
Lebewesen

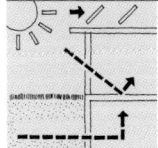

9 Erneuerbare Energien

Grundsätzlich ist der Energieverbrauch durch sparsamen Umgang, gute Wärmedämmung und effiziente Geräte möglichst gering zu halten. Der verbleibende Energiebedarf lässt sich durch folgende Alternativen abdecken:

- Sonnenkollektoren sind unter gewissen Voraussetzungen gleich teuer oder billiger als die konventionelle Warmwasseraufbereitung. Ein Quadratmeter eines Sonnenkollektors für die Warmwasserbereitstellung kann pro Jahr ca. 30–50 Liter Heizöl ersetzen.

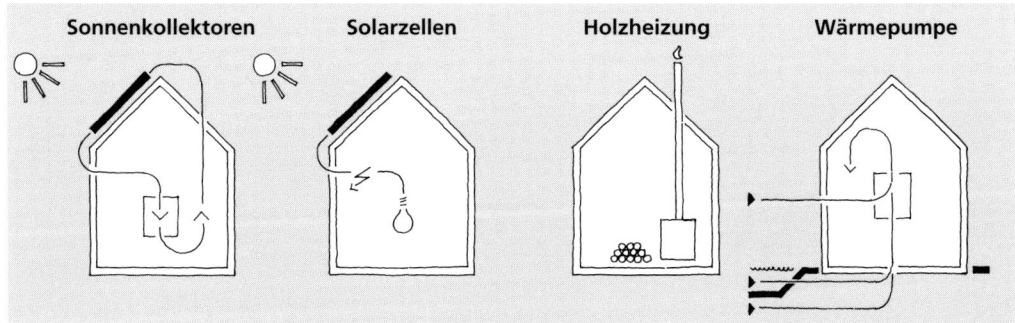

Systeme zur Energieerzeugung mit erneuerbaren Ressourcen

- Solarzellen (Photovoltaik) können pro Quadratmeter bei optimaler Ausrichtung in unseren Breiten 2 bis 4 % des Strombedarfs eines Durchschnittshaushaltes decken. Der Strom aus Solarzellen ist ohne Fördermittel bei üblichen Amortisationszeiten der Photovoltaikanlage heute noch rund 5 bis 6 mal teurer als Strom aus dem Netz. Solarzellen erhöhen jedoch das Prestige eines Gebäudes und tragen zur Förderung einer zukunftsträchtigen und sauberen Stromproduktion bei.

- Brennholz ist ein einheimischer, nachwachsender Energieträger. Der jährliche Zuwachs im deutschen Wald beträgt etwa 60 Millionen Tonnen Holz, von denen im Durchschnitt nur zwei Drittel genutzt werden. Die Holzverbrennung verursacht kein zusätzliches CO_2 und die modernen Anlagen produzieren wenig schädliche Abgase. Automatische Holzfeuerungen eignen sich für größere Siedlungen oder für Nahwärmeverbundnetze.

- Die in der Praxis erprobte Erdreich-Wärmepumpe funktioniert nach dem Prinzip des Kühlschranks mit umgekehrtem Nutzen. In einem erdverlegten Leitungsnetz oder einer 100 bis 200 Meter tiefen Erdsonde wird die Erdwärme aus dem Boden gefördert und für das Heizen des Gebäudes nutzbar gemacht.

Vorgehen

Diskutieren Sie den Einsatz erneuerbarer Energien mit dem Architekten und dem Haustechnikplaner zusammen. Versuchen Sie, sich anhand von Referenzobjekten mit den Systemen vertraut zu machen.

Meine Priorität

☐ sehr wichtig
☐ weniger wichtig

Informationen im Katalog unter

Betriebsenergie, Finanzierungen, Holzheizung, Passivhäuser, Solarzellen, Sonnenkollektoren, Wärmepumpe

10 Ressourcenschonende Materialien

Jeder Baustoff muss produziert werden. Dazu braucht es Rohstoffe aus der Natur, Energie für den Abbau der Rohstoffe, den Transport, die Herstellungsprozesse und die Verarbeitung. Man schätzt heute, dass die zur Herstellung aller Baustoffe und Inneneinrichtungen notwendige Energie (die so genannte Graue Energie) eines Gebäudes etwa gleich groß ist wie die Energie, die zur Beheizung eines gut wärmegedämmten Gebäudes während 40 Jahren notwendig ist. Durch die Wahl der Baustoffe, Bauelemente und Systeme haben Sie und der Architekt die Möglichkeit, die Graue Energie zu minimieren:

- Baustoffe aus Holz haben zwei große ökologische Pluspunkte. Der Rohstoff wächst immer wieder nach und wird bei nachhaltiger Nutzung auch in ferner Zukunft noch verfügbar sein. Zudem sind Baustoffe aus Holz in der Herstellung meistens weniger umweltbelastend als Alternativen aus Metall oder Kunststoff. Das gilt nicht immer, aber in vielen Anwendungsbereichen wie zum Beispiel bei Fassaden, Wandkonstruktionen und im Innenausbau. Allerdings erfordern Holzbauteile unter anderem im Außenbereich konstruktive Schutzmaßnahmen, damit die Vorteile nicht durch erhöhten Unterhalt und kürzere Lebensdauer aufgehoben werden.

- Mit der Verwendung von Baustoffen aus Recyclingmaterial werden wertvolle und begrenzt verfügbare Rohstoffe in der Natur geschont und die Abfallmengen reduziert. Viele Recyclingbaustoffe benötigen für die Herstellung weniger Energie als die entsprechenden Produkte aus neuen Rohstoffen, zum Beispiel Wärmedämmstoffe aus Altpapier oder recycliertem Verpackungskunststoff, Elektrokabelrohre aus recycliertem Kunststoff, Recyclingbeton für Konstruktionsbeton oder Mauersteine aus Mischabbruchmaterial.

Der Architekt hat heute eine Reihe von Hilfsmitteln, mit denen er die Graue Energie von Baustoffen bei der Wahl von Konstruktionen und Innenausbauteilen berücksichtigen kann.

Vorgehen

Stellen Sie die Forderung nach ressourcenschonenden Materialien bereits in der Entwurfs- und Ausführungsplanung und nicht erst bei der Ausschreibung.

Meine Priorität

☐ sehr wichtig

☐ weniger wichtig

Informationen im Katalog unter

Bauproduktinformationen, Graue Energie, Holzwerkstoffplatten, Naturfarben

47

11 Naturnahe Umgebungsgestaltung

Ein Bauwerk stellt immer einen mehr oder weniger starken Eingriff in die Umwelt dar. Auf der Fläche des Bauwerks wird der natürlich gewachsene Boden als Lebensgrundlage für Pflanzen und Tiere sowie als Wasserspeicher und Luftbefeuchter (Klima) entzogen. Eine naturnahe Gartengestaltung ist deshalb mit den gestalterischen und funktionalen Bedürfnissen der zukünftigen Nutzer in Einklang zu bringen. Eine ganzheitliche Planung von Gebäude und Freiraum soll eine neue Grundlage zur Entwicklung eines vielseitigen Lebensraumes nicht nur für Pflanzen und Tiere, sondern auch für den Menschen schaffen.

Regenwasser

Durch natürliche oder technische Versickerung (Versickerungsanlagen) sollte das Regenwasser dem Erdreich und schließlich dem Grundwasser zugeführt werden. Der Wasserrückhalt, zum Beispiel durch wechselfeuchte Mulden oder Weiher, verhindert hohe Abflussspitzen und damit Überschwemmungsgefahren. Extensive Dachbegrünungen vermögen einen großen Teil des anfallenden Regenwassers zurückzuhalten.

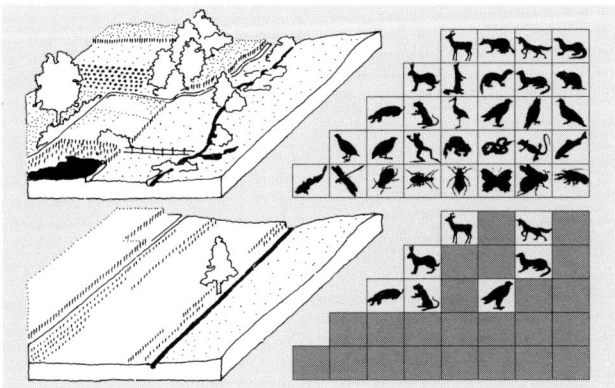

Verarmung naturnaher Landschaften (BUWAL: *Landschaft unter Druck*, Bern 1991)

Pflanzen und Tiere

Naturnahe Flächen bilden die Grundlage zur Entwicklung eines vielseitigen Lebensraumes für einheimische Pflanzen- und Tierarten. Nährstoffarme Wachstumsschichten, kieselreiche Flächen, nischenreiche Mauern, Feuchtstandorte, Wasserflächen etc. tragen zur Vielfalt bei. Begrünte Fassaden bieten Kleinlebewesen wie Insekten und Vögeln einen Lebensraum.

Fassadenbegrünung als zusätzlicher Lebensraum

Vorgehen

Erarbeiten Sie im Team mit dem Architekten und dem Landschaftsplaner die Vorgaben für eine ökologische und funktionale Umgebungsgestaltung.

Meine Priorität

☐ sehr wichtig
☐ weniger wichtig

Informationen im Katalog unter

Fassadenbegrünung,
Flachdachbegrünung,
Bepflanzungen,
Versickerung

Gesunder Innenraum

12 Behagliche Räume

13 Ausreichender Luftwechsel

14 Schadstoffarme Materialien

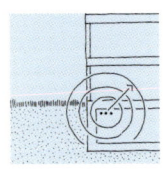

15 Minimale Strahlung

Behaglichkeit durch die
architektonische Qualität
des Raumes

Bedeutung

Für einen gesunden Innenraum sind sowohl psychische wie physische Faktoren verantwortlich. Die Behaglichkeit ist von der Raumgeometrie, der Akustik, dem Feuchtespeichervermögen, der Thermik und den Lichtverhältnissen abhängig. Ein unbedenklicher Schadstoffgehalt in der Raumluft ist nicht immer eine Selbstverständlichkeit. Die heutige Bautechnik führt nicht selten zu Problemen mit der Innenraumluft, insbesondere bei Personen, die unter Allergien leiden.

Die Entwicklung zur rationellen Verwendung von Heizenergie hat zu immer luftdichteren Gebäudehüllen und Fenstern geführt, weil in einem gut wärmegedämmten Gebäude ein großer Teil der Verluste über den Luftaustausch erfolgt. Ein ausreichender natürlicher Luftwechsel im Gebäude ist mit geschlossenen Fenstern nicht mehr gewährleistet. Besonders bei Umbauten hat die Sanierung der Fenster Konsequenzen, die häufig unterschätzt werden. Bei kleinem Luftwechsel steigen die Probleme mit der Innenraumluft und Feuchtigkeit (Schimmelpilzbildung) an.

Die allergischen Erkrankungen in der Bevölkerung nehmen zu. Immer mehr Personen reagieren auf Schadstoffe, Mikroben, Feuchtigkeit, Milben oder elektromagnetische Strahlung in sehr niedrigen Dosen.

Behaglichkeit durch
die feuchteausgleichende
Wirkung des Materials
Ton

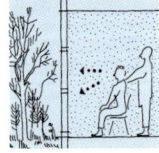

12 Behagliche Räume

Wichtigste Voraussetzung für das Wohlbefinden der BewohnerInnen ist die architektonische Qualität des Raumes selbst. Raumgröße, Raumproportion, Raumform, die Anordnung und Größe der Öffnungen für das Tageslicht sowie die Verbindung zu benachbarten Räumen spielen dabei eine entscheidende Rolle. Oberflächenstrukturen, Materialien und Farben unterstützen die Behaglichkeit. Gute, stimmige und behagliche Räume geben den BewohnerInnen Vertrauen und Sicherheit. Schlechte, unbehagliche Räume haben häufig Wohnungswechsel oder Veränderungen der Räume wie Um- und Neumöblierungen, Neustreichen und Umbauten zur Folge, alles Maßnahmen, die letztendlich die Umwelt erheblich belasten. Die folgenden physikalischen Einflüsse unterstützen die Behaglichkeit maßgeblich:

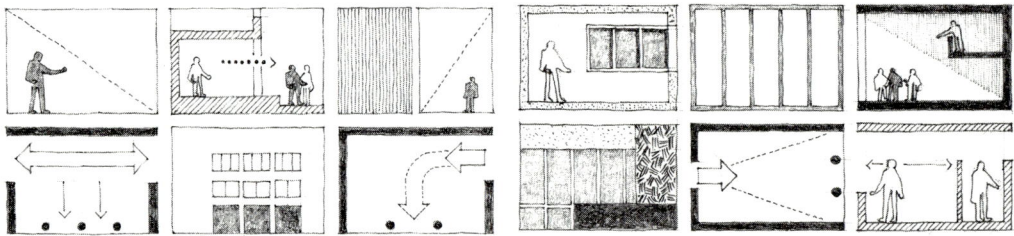

Akustik/Schallschutz

Nicht zu hallige Räume, gute Sprachverständlichkeit durch entsprechende Raumgeometrie und Materialwahl, sowie ausreichender Schallschutz gegen Außen- und Innenlärm erhöhen die Behaglichkeit.

Feuchte regulierende Materialien

Naturbelassene Oberflächen aus Holz und mineralischen Baustoffen verhindern durch Aufnahme und Abgabe von Feuchtigkeit rasche Wechsel und wirken feuchteausgleichend.

Thermische Behaglichkeit

Geringe Abstrahlung durch warme Wand- und Fensteroberflächen wirken angenehm. Störende Zugerscheinungen durch rauminterne Luftumwälzungen (Kaltluftabfall) vor allem bei 2-geschossigen Räumen sind mit konstruktiven Maßnahmen zu verhindern. Große Speichermassen bei Boden, Wand und Decke verhindern rasche Temperaturschwankungen.

Tageslicht

Tief in den Raum reichendes Tageslicht erhöht die Lebens- und Arbeitsqualität und beugt Depressionen vor.

Vorgehen

Bestimmen Sie möglichst früh mit dem Architekten die Behaglichkeitskriterien. Versuchen Sie herauszufinden, was für Räume für Sie behaglich sind und wo Sie sich wohl fühlen.

Meine Priorität

☐ sehr wichtig
☐ weniger wichtig

Informationen im Katalog unter

Außenlärm, Beleuchtung, Energieeinsparverordnung, Elektrosmog, Fenster, Feuchtigkeit, Innenlärm, Tageslichtnutzung, Wintergarten

13 Ausreichender Luftwechsel

Der passive Luftwechsel ist der Anteil des Raumluftvolumens, der natürlicherweise bei geschlossenen Fenstern pro Stunde ausgetauscht wird. Die Luftwechselkennzahl ist bei normaler Gebäudehülle und neuen, dichten Fenstern kleiner als 0,1. Das heißt, dass in einem 50 m³ großen Raum pro Stunde höchstens 5 m³ Frischluft zugeführt werden. Das reicht jedoch für einen gesunden Innenraum nicht aus. Man rechnet je nach Aktivität mit einer notwendigen Frischluftzufuhr von 15 bis 25 m³ pro Person und Stunde, bei Tabakrauch mit wesentlich mehr. Ein ausreichender Luftwechsel kann mit verschiedenen Maßnahmen sichergestellt werden:

Zu- und Abluftanlage
einer Wohneinheit
schematisch dargestellt

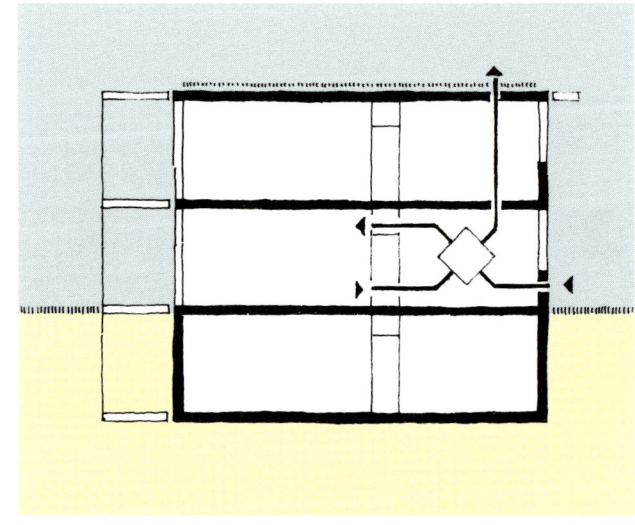

Fensterlüftung

Fensterlüften bewirkt einen raschen Luftaustausch. Bei 4 bis 6-mal Stoßlüften (5 bis 10 Min.) pro Tag sind im Winter die Energieverluste verhältnismässig gering. Eine genügende Frischluftzufuhr, vor allem in der Nacht und bei intensiver Nutzung des Gebäudes, kann damit nicht erreicht werden. Abluftanlagen in Küche und WC/Bad können einen zusätzlichen Lüftungseffekt bewirken, sofern von außen Frischluft nachströmen kann.

Kontrollierte Wohnungslüftung

Eine Zu- und Abluftanlage mit Wärmerückgewinnung garantiert einen ausreichenden Luftwechsel und senkt den Energieverbrauch. Solche Anlagen erfordern jedoch eine frühzeitige Planung, eine zuverlässige Wartung und Investitionsbereitschaft.

Wärmerückgewinnungsgerät der Zu- und Abluftanlage

Vorgehen

Fordern Sie vom Architekten und vom Haustechnikplaner möglichst früh in der Planung Vorschläge für die Frischluftversorgung.

Meine Priorität

☐ sehr wichtig
☐ weniger wichtig

Informationen im Katalog unter

Feuchtigkeit,
Innenraumluft,
Lüftungskonzepte,
Zu- und Abluftanlagen

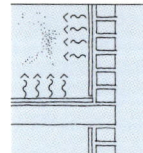

14 Schadstoffarme Materialien

Über die Schadstoffabgabe von Baustoffen weiß man relativ
wenig. Bei neueren Untersuchungen hat man festgestellt, dass
zumindest ein Teil der Schadstoffe, die im Innenraum zu Problemen führen können, sich erst bei der Trocknung und Alterung
von Chemikalien bilden. Ob und in welchem Ausmaß solche
Schadstoffe entstehen, hängt neben dem Produkt auch vielfach
von der Anwendung (Trocknungszeit zwischen zwei Anstrichen,
Anstrichsdicke, Beschaffenheit und Feuchtigkeit des Untergrun-
des) ab. Eine Prognose, welche Baustoffe oder Produkte zum
Problem werden können, ist deshalb schwierig. Häufig sind Ge-
sundheitsprobleme mit der Innenraumluft auf das Zusammen-
treffen verschiedener ungünstiger Faktoren zurückzuführen.

Mit dem folgenden Maßnahmenpaket kann der Architekt das
Risiko von starken, lästigen oder gar gesundheitsschädigenden
Neubaugerüchen minimieren. Eine absolute Garantie für eine
schadstofffreie Innenraumluft gibt es allerdings nicht.

Farben

Verwendung von Anstrichstoffen auf Wasserbasis. Minimierung der Menge an geruchs- und emissionsintensiven Farben, zum Beispiel 2-Komponentenlacke, Holzlacke, Ölfarben.

Klebstoffe

Minimierung der Menge an Klebstoffen und Fugendichtungen durch mechanische Befestigungen. Verwendung von lösemittelfreien Klebstoffen.

Materialien

Alle Holzwerkstoffe mit Qualitätsstandard (minimaler Formaldehydgehalt oder formaldehydfrei). Qualitätsstandards für Teppiche und Vermeidung von Kunstharzputzen. Unbehandelte mineralische Baustoffe wie Gipsplatten, Gipsprodukte, Mauersteine oder Beton geben keine Schadstoffe ab.

Kontrollen

Produkte anhand von Bauproduktinformationen überprüfen und deren Verwendung auf der Baustelle kontrollieren.

Vorgehen

Verdeutlichen Sie im persönlichen Gespräch mit dem Architekten die Wichtigkeit schadstoffarmer Materialien.

Meine Priorität

☐ sehr wichtig

☐ weniger wichtig

Informationen im Katalog unter

Bauproduktinformationen, Formaldehyd, Holzschutzmittel, Holzwerkstoffplatten, Innenraumluft, Malerarbeiten innen, Naturfarben, Parkett, Teppiche

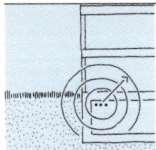

15 Minimale Strahlung

Radon

Radon ist ein radioaktiv strahlendes Gas, das aus dem Untergrund durch den Keller in das Haus dringt und sich anreichern kann. Radon stammt aus dem Uran in gewissen Gesteinsarten, riecht nicht und kann nur mit Messgeräten festgestellt werden. Es kann durch seine Zerfallsprodukte in der Lunge Krebs verursachen.

Bei einem Gebäude auf einem Grundstück mit hoher Radonausgasung müssen spezielle Maßnahmen getroffen werden. Es bestehen örtlich sehr unterschiedliche Radonbelastungen.

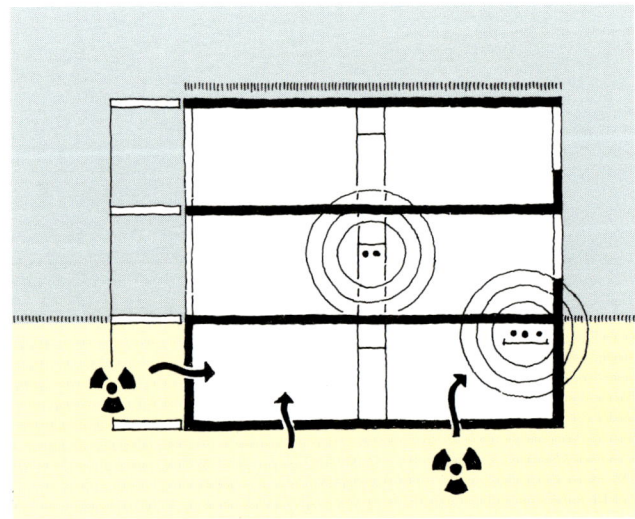

Einwirkung von Radon und elektromagnetischen Feldern schematisch dargestellt

Elektrosmog

Starke elektromagnetische Felder (Elektrosmog) können durch elektrische Installationen entstehen. Sie können das Wohlbefinden von sensibilisierten Personen beeinträchtigen. Neben den fixen Leitungen im Haus gehören auch Elektro- und elektronische Geräte im Betriebszustand oder Einflüsse von außen dazu. Eine Minimierung solcher Felder, vor allem an den Schlafstellen und an Orten, wo sich Personen längere Zeit aufhalten, ist durch geeignete Elektroplanung und allenfalls zusätzliche Installationen (Netzfreischalter) empfehlenswert.

Elektromagnetische Felder bei der Schlafstelle, verursacht durch allgemein übliche Geräte

Vorgehen

Fordern Sie vom Architekten und vom Fachingenieur eine Planung mit möglichst geringer Elektrosmog-Belastung. Bezeichnen Sie diejenigen Stellen im Gebäude, an denen Sie ein Minimum an elektromagnetischer Strahlung wünschen.

Verlangen Sie vom Architekten bereits in einer frühen Planungsphase eine Abklärung, ob die Region erhöhte Radonemissionen aufweist.

Meine Priorität

☐ sehr wichtig

☐ weniger wichtig

Informationen im Katalog unter

Elektrosmog, Radon

Niedrige Betriebskosten

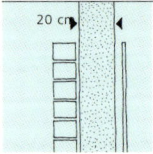 **16 Niedriger Energiebedarf**

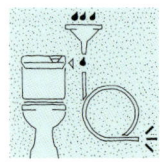 **17 Sparsamer Wasserhaushalt**

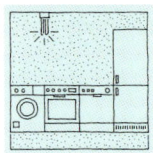 **18 Niedrige Stromrechnung**

Niedrigenergiehaus in
kompakter Bauweise,
nach Süden ausgerichtet

Bedeutung

Die Betriebskosten bestehen aus den Ausgaben für Heizung, Warmwasser, Elektrizität, Trinkwasser und Abwasser sowie den Unterhaltsarbeiten an den technischen Installationen. Entscheidend dafür ist das Verhalten der BenutzerInnen. Während der Planung eines Um- oder Neubaus können die späteren Betriebskosten stark beeinflusst werden. Es geht dabei um ein sinnvolles Abwägen zwischen einmaligen Investitionskosten, der Amortisation und den Betriebskosten. Die Betriebskosten werden häufig unterschätzt. Die Energie- und Wasserpreise werden in Zukunft ansteigen. Niedrige Nebenkosten stimmen mit den Zielen einer gesunden Umwelt überein. Namentlich der Brennstoff- und Stromverbrauch ist während der ganzen Lebensdauer eines Gebäudes die wichtigste Umweltbelastung. Der sorgsame Umgang mit Wasser entspricht einer Hauptforderung des Gewässerschutzes.

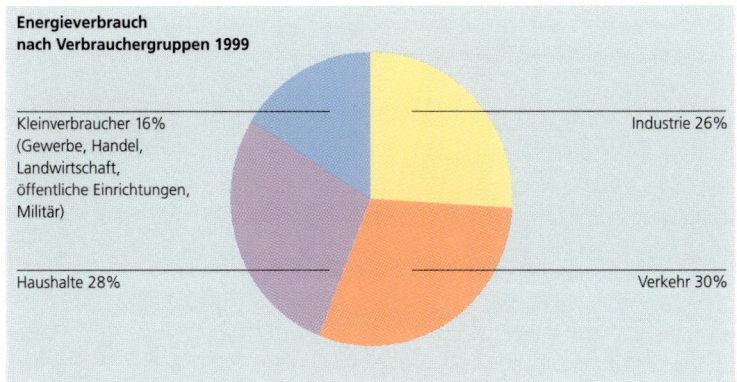

**Energieverbrauch
nach Verbrauchergruppen 1999**

Kleinverbraucher 16%
(Gewerbe, Handel,
Landwirtschaft,
öffentliche Einrichtungen,
Militär)

Industrie 26%

Haushalte 28%

Verkehr 30%

Endenergieverbrauch
nach Verbraucher-
gruppen 1999
(Quelle: Bayerisches
Staatsministerium für
Wirtschaft, Verkehr und
Technologie)

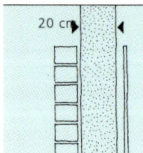

16 Niedriger Energiebedarf

Der Energiebedarf für Heizung und Warmwasser wird künftig als Primärenergiebedarf in kWh bezogen auf einen Quadratmeter Gebäudenutzfläche pro Jahr (kWh/m²a) angegeben. Der Energiebedarf wird nach einer standardisierten Methode berechnet (DIN EN 832). Der maximale Jahresprimärenergiebedarf für Neubauten ist in der Energieeinsparverordnung (EnEV) festgelegt, die spätestens 2002 in Kraft treten soll. Die neue Verordnung wird den Niedrigenergiehausstandard zur Regel machen. Ein niedriger Energiebedarf für Heizung und Warmwasser kann mit verschiedenen Strategien erreicht werden:

Gebäudeform

Mit der idealen Gebäudeform wird die optimale Oberfläche (Fassade, Boden und Dach) zum Gebäudevolumen bestimmt. Je weniger Oberfläche das Gebäude aufweist, umso weniger Energie geht verloren. Eine kompakte Gebäudeform steht unter Umständen auch im Widerspruch zu anderen Forderungen wie Tageslichtnutzung und gestalterische Antwort auf die Grundstücksform. Dies erfordert ein sorgfältiges Abwägen aller Aspekte.

Passive Sonnenenergienutzung

Durch die Gebäudeorientierung kann ein Energiegewinn erzielt werden. Sinnvollerweise sind auf der Südseite mehr und größere Fenster zu planen. Dies bedingt wärmespeichernde Böden, Wände und Decken sowie ein rasch reagierendes Heizsystem. Auch mit einer transparenten Wärmedämmung (TWD) kann der Energiebedarf gesenkt und der Komfort erhöht werden. Große Fenster müssen beschattet werden können, um Überhitzungen in den Sommermonaten zu vermeiden.

Wärmedämmung, Bedarfslüftung und effiziente Heizungsanlage

Dicke Wärmedämmschichten, die Vermeidung von Wärmebrücken, gut wärmegedämmte Fenster und eine luftdichte Gebäudehülle führen zu einem geringeren Energiebedarf. Eine zusätzliche Reduktion des Energiebedarfs kann mit einer Zu- und Abluftanlage (Bedarfslüftung) mit Wärmerückgewinnung und einer effizienten Heizungsanlage erreicht werden.

Mit einer idealen Kombination dieser Strategien lässt sich der sog. Niedrigenergiehausstandard erreichen. Dies hat niedrige Nebenkosten zur Folge, ist wirtschaftlich (Gesamtkosten) interessant und entspricht einer zentralen Maßnahme der Energie- und Umweltpolitik. Wer noch einen Schritt weiter gehen möchte, deckt den verbleibenden Energiebedarf mit erneuerbaren Energien ab.

Vorgehen

Lassen Sie sich vom Architekten die verschiedenen Möglichkeiten zur Erreichung eines niedrigen Energiebedarfes aufzeigen.

Meine Priorität

☐ sehr wichtig

☐ weniger wichtig

Informationen im Katalog unter
Betriebskosten, Energieeinsparverordnung, Fenster, Finanzierungen, Gebäudevolumen, Passivhäuser, Sonnenkollektoren, Wärmedämmung, Wärmepumpe, Zu- und Abluftanlagen

63

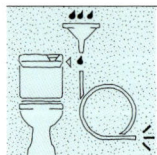

17 Sparsamer Wasserhaushalt

Jahr für Jahr fallen im Durchschnitt 500 bis 1.200 Liter Regenwasser auf einen Quadratmeter Ihres Grundstückes. Zudem fließen pro Jahr in einem 4-Personen-Haushalt 190.000 Liter Trinkwasser durch die Leitungen. Normalerweise gelangt dieses Wasser ungenutzt oder unnötigerweise in die Kanalisation und in die Kläranlage. Mit diesem Wasser kann umweltgerechter umgegangen werden:

Trinkwasser

Ein sparsamer Wasserhaushalt senkt den Trinkwasserverbrauch durch technische Maßnahmen, zum Beispiel WC-Spülkasten, Luftbeimischventile und wassersparende Waschmaschinen (Wasserbedarf auf Einfüllmenge abgestimmt).

Regenwasser

Ein sparsamer Wasserhaushalt hält möglichst viel Regenwasser auf dem Dach und dem Grundstück zurück (begrünte Dächer, vorwiegend Flachdächer), lässt möglichst viel Regen- und Oberflächenwasser im Garten versickern und nutzt das Regenwasser für die Gartenbewässerung, die WC-Spülung oder die Waschmaschine.

Mit diesen Maßnahmen erreicht man verschiedene Ziele des Gewässerschutzes und senkt die Ab-, Trink- und Niederschlagswasserkosten. Das Regenwasser wird in den natürlichen Kreislauf (Grundwasser) zurückgeführt. Die Kläranlagen und Gewässer werden vor allem bei starkem Regen von großen Wassermengen entlastet und mit dem zum Teil mit großem Aufwand aufbereiteten Trinkwasser wird sorgsamer umgegangen. Die Kosten für Regenwasser (das in die Kanalisation geleitet wird) und für Abwasser werden weiter ansteigen. Ein sorgsamer Wasserhaushalt wird sich deshalb auszahlen.

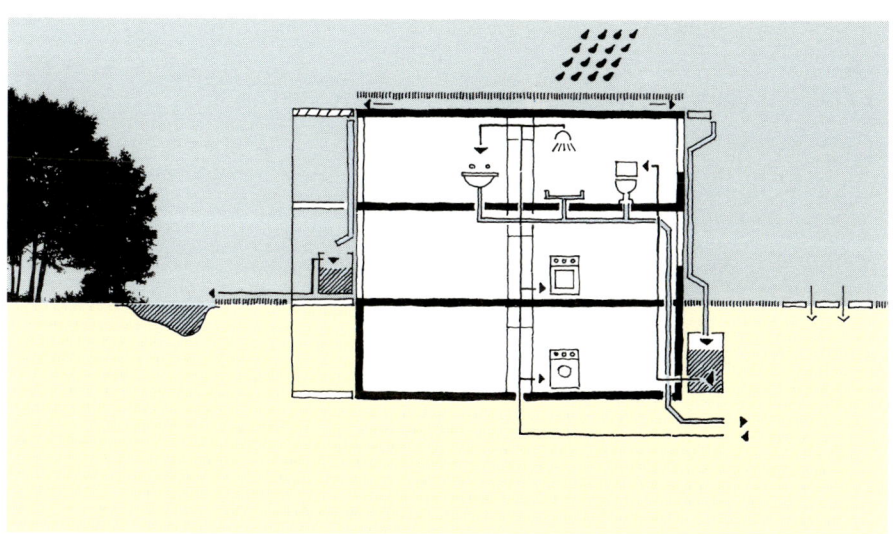

Vorgehen

Fordern Sie vom Architekten und vom Haustechnikplaner Ihrem Grundstück entsprechende Maßnahmen für einen sorgsamen Wasserhaushalt.

Meine Priorität

☐ sehr wichtig

☐ weniger wichtig

Informationen im Katalog unter

Betriebskosten, Flachdachbegrünung, Regenwassernutzung, Versickerung

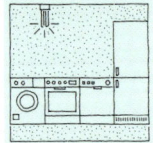

18 Niedrige Stromrechnung

Der Neu- oder Umbau bietet die einmalige Gelegenheit, ohne Komfortverlust im zukünftigen Haushalt Strom zu sparen und die Stromrechnung zu senken. Die technischen Lösungen sind vorhanden und erprobt, die Investitionen lohnen sich auf jeden Fall. Es geht nur noch darum, dass Sie sich die zuverlässigen Produktinformationen beschaffen:

Energiespartechnologien

Für die fixen Geräte wie Kochherd, Waschmaschine, Geschirr-spüler, Kühlschrank und Tiefkühltruhe sind innovative Produkte auf dem Markt. Sie machen mehr als die Hälfte des Stromver-brauchs aus. Energiesparlampen, fix eingebaut, oder Fluoreszenz-leuchten eignen sich dort, wo nicht nur kurze Beleuchtungszeiten zu erwarten sind.

Steuerung

Zeitschaltuhren für Umwälzpumpen und Abluftventilatoren, Installation von Bewegungsmeldern sowie Fluoreszenzleuchten mit elektronischen Vorschaltgeräten lohnen sich immer.

Bauliche Maßnahmen

Natürliche Wäschetrocknungsmöglichkeiten, allenfalls mit Ent-feuchter (anstelle des Trockners) sind auf jeden Fall energie-sparender. Optimale Tageslichtnutzung kann durch bauliche Maßnahmen wie das Hinaufsetzen der Fenstersturzhöhen erreicht werden.

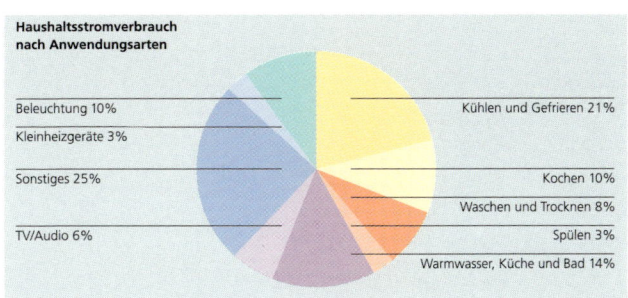

**Haushaltsstromverbrauch
nach Anwendungsarten**

Beleuchtung 10%	Kühlen und Gefrieren 21%
Kleinheizgeräte 3%	
Sonstiges 25%	Kochen 10%
	Waschen und Trocknen 8%
TV/Audio 6%	Spülen 3%
	Warmwasser, Küche und Bad 14%

Haushaltsstromverbrauch nach Anwendungsarten
(Quelle: Hessisches Ministerium für Umwelt, Landwirtschaft und Forsten)

Bessere Tageslichtnutzung durch
großzügige Fensterflächen

Vorgehen

Architekt und Elektroplaner sind in der Lage, Ihnen
die Stromsparmöglichkeiten aufzuzeigen.

Meine Priorität

☐ sehr wichtig

☐ weniger wichtig

**Informationen
im Katalog unter**

Beleuchtung, Betriebs-
kosten, Haushaltgeräte,
Solarzellen, Tageslicht-
nutzung

Inhaltsverzeichnis

Architektenvertrag	70		Malerarbeiten innen	132
Außenlärm	72		Mehrgeschossigkeit	134
Bauproduktinformationen	74		Möblierungsflexibilität	136
Beleuchtung	76		Naturfarben	138
Bepflanzungen	78		Parkett	140
Betriebskosten	80		Passivhäuser	142
Böden aus Stein- und Tonplatten	82		Radon	144
Elastische Bodenbeläge	84		Regenwassernutzung	146
Elektrosmog	86		Solarzellen	148
Energieeinsparverordnung	88		Sonnenkollektoren	150
Fassade	90		Tageslichtnutzung	152
Fassadenbegrünung	92		Teppiche	154
Fenster	94		Versickerung	156
Feuchtigkeit	96		Wärmedämmung	158
Finanzierungen	98		Wärmepumpe	160
Flachdachbegrünung	100		Wasserleitungen	162
Formaldehyd	102		Wintergarten	164
Gebäudestruktur	104		Wohnungsflexibilität	166
Gebäudevolumen	106		Zu- und Abluftanlagen	168
Graue Energie	108		Zusammenarbeit	170
Grundrissflexibilität	110			
Haushaltsgeräte	112		Adressenliste	172
Heizkörper	114			
Holzheizung	116			
Holzschutzmittel	118			
Holzsystembau	120			
Holzwerkstoffplatten	122			
Innenlärm	124			
Innenraumluft	126			
Lebensdauer	128			
Lüftungskonzepte	130			

Architektenvertrag
Klarheit schafft Vertrauen

Vertragsinhalt

Zentraler Punkt des Architektenvertrages ist die Umschreibung der zu erbringenden Leistungen, das heißt Aufgaben und entsprechende Honorierung. Der Vertrag enthält die Rechte und Pflichten der Auftraggeber (Bauherren), wie der Auftragnehmer (Architekten, Planer). Zudem hat er Fragen der Termine, Haftung, Gewährleistung, Verjährung und der Nebenkosten zu regeln.

Architekten-honorar

Architektenhonorare werden nicht frei ausgehandelt, sondern sind gesetzlich geregelt. Der Architekt bietet seine Leistung nicht im Preis-, sondern im Qualitätswettbewerb an. Die Honorarordnung für Architekten und Ingenieure (HOAI) setzt die Höhe des Honorars nach dem Umfang der Architektenleistung, den anrechenbaren Baukosten und der Schwierigkeit der Bauaufgabe fest. Die Schwierigkeit der Bauaufgabe wird in fünf Honorarzonen berücksichtigt. Für den privaten Bauherrn sind die Honorarzonen III und IV von Bedeutung. Honorarzone III gilt für Wohnhäuser mit durchschnittlicher Ausstattung, planungsaufwändige Einfamilienhäuser mit entsprechendem Ausbau und Hausgruppen in planungsaufwändiger verdichteter Bauweise auf kleinen Grundstücken.
Die anrechenbaren Nettobaukosten ohne Mehrwertsteuer beinhalten die reinen Bau- und Ausbaukosten, nicht aber zum Beispiel den Grundstückspreis und die Erschließungskosten. Höhere Baukosten ergeben ein höheres Honorar.

Vertrags-gestaltung

Es gibt verschiedene Musterverträge, die auf der Grundlage der HOAI ausgearbeitet wurden. Zur Zeit gibt es jedoch keinen von der Bundesarchitektenkammer empfohlenen Einheitsarchitektenvertrag. Bei der Architektenkammer Hessen kann eine Orientierungshilfe zum Architektenvertrag auf dem jeweils neuesten Rechtsstand bestellt werden.
Bei komplexeren Vertragsgestaltungen ist es immer anzuraten, einen kompetenten Rechtanwalt einzuschalten.

Vertrauen

Neben einem guten Vertrag braucht es vor allem ein gegenseitiges Vertrauensverhältnis. Ein solches aufzubauen, benötigt Zeit und ein persönliches Engagement. Fehlt die Bereitschaft, ein Vertrauensverhältnis aufzubauen, handelt es sich nicht um den richtigen Partner. Dies betrifft nicht nur den Auftragnehmer, sondern auch den Auftraggeber.

Umsetzung

Die Honorarordnung für Architekten und Ingenieure (HOAI) unterteilt die Aufgaben des Planers in Leistungsphasen:

1 Grundlagenermittlung   2 Vorplanung
3 Entwurfsplanung   4 Genehmigungsplanung
5 Ausführungsplanung
6 Vorbereitung der Vergabe (Ausschreibung)
7 Mitwirkung bei der Vergabe (Ausschreibung)
8 Objektüberwachung (Bauüberwachung)
9 Objektbetreuung und Dokumentation

Zielvorstellungen

Die Formulierung seiner Zielvorstellungen einschließlich eines Raum- und Funktionsprogramms ist Sache des Bauherrn. Dazu kann er sich durch eine Drittperson oder durch den bereits ins Auge gefassten Architekten beraten lassen. In Leistungsphase 2 hat der Architekt die Zielvorstellungen mit dem Bauherrn abzustimmen und in einen planungsbezogenen Zielkatalog zusammenzufassen.

Bauherrenforderungen für eine ökologische Leistung

Die Bauherrenforderungen für eine ökologische Leistung sind bereits in den Zielvorstellungen aufzuführen und in den Zielkatalog mit aufzunehmen. Nur so ist es möglich, dass der Architekt schon in den ersten Leistungsphasen auf die ökologischen Forderungen Rücksicht nehmen kann. Natürlich ist es nicht möglich im Zielkatalog sämtliche Details abzuhandeln. Die Grundsätze müssen darin enthalten sein.

Informationen

Informationsmaterial ist erhältlich über die Architektenkammern der einzelnen Bundesländer; die Architektenkammern können auch bei Unstimmigkeiten mit Architekten angerufen werden; Adressen im Internet: www.architektenkammer.de
Orientierungshilfe zum Architektenvertrag, Bestellung per Fax bei der Architektenkammer Hessen 0611 / 173840

Siehe auch

Zusammenarbeit

Außenlärm

Vorsorge ist einfacher als Nachbessern

Bedeutung

Etwa ein Viertel der Bevölkerung leidet unter einer zu großen Lärmbelastung. Störend ist vor allem der nächtliche Lärm. Ruhige Wohnungen sind gefragt. Bei der Wohnungssuche steht eine geringe Außenlärmbelastung hinter Preis, Ort und Licht bereits an vierter Stelle von 18 Beurteilungskriterien. Menschen sollen nach dem Gesetz vor schädlichem und lästigem Lärm geschützt werden. Dies ist eines der Ziele des Bundes-Immissionsschutzgesetzes (BImSchG). In lärmbelasteten Gebieten darf nur gebaut werden, wenn die Immissionsgrenzwerte beim Objekt eingehalten werden. Jede Gemeinde ist aufgefordert, eine Lärmminderungsplanung durchzuführen, für den Neubau von Straßen und Gewerbegebieten sind Grenzwerte festgelegt.

Umsetzung

Bei einem konkreten Grundstück hat sich die Bauherrschaft die folgenden Fragen zu stellen:

Frage 1

Sind lärmverursachende Faktoren wie Straßen, Bahnlinien, Flugplätze, Schießanlagen, Industrie in unmittelbarer Nähe des Grundstückes vorhanden?
Liegt ein Lärmkataster bei den Gemeinden vor, so gibt es Auskunft über die Grenz- und Richtwerte für eine maximale Lärmbelastung und wie hoch die Lärmbelastung tatsächlich ist.

Frage 2

Entspricht die Außenlärmsituation den Vorstellungen der Bauherren?
Auskunft darüber kann z.B. ein Bebauungsplan geben. Die Bezeichnung der Bauflächen lässt einen Schluss auf die mögliche Lärmbelastung zu und ermöglicht einen Vergleich mit den eigenen Vorstellungen:
- S   Sonderbauflächen, die der Erholung dienen
- W   Wohnbauflächen ohne störende Betriebe für Wohnen
- M   gemischte Bauflächen mit mäßig störenden Betrieben für Wohnen und Gewerbe
- GE   Gewerbegebiete mit nicht erheblich belästigenden Gewerbebetrieben
- GI   Industriegebiete mit stark störenden Betrieben

Jeder Baufläche sind Immissionsrichtwerte zugeordnet, die von Gesetzes wegen nicht überschritten werden sollen.

Frage 3

Was bieten sich für Möglichkeiten, die Immissionen zu reduzieren, wenn sich das fragliche Grundstück in einem Mischgebiet für Wohnen und Gewerbe befindet, die Bauherrschaft jedoch die Vorteile einer reinen Wohn- oder sogar Erholungszone möchte?

Dieser Wunsch ist kaum erfüllbar. Theoretisch wäre dies durch Schutzwälle und -wände möglich, aber die Wirkung ist für ein oberes Geschoss sehr begrenzt.

Frage 4

Was nun, wenn die tatsächliche Belastung höher ist als der Immissionsrichtwert?

In diesem Fall können folgende Vorkehrungen getroffen werden:
- Erhöhung des Schallschutzes der Außenbauteile des Gebäudes
- Anordnung lärmempfindlicher Räume auf der lärmabgewandten Seite des Gebäudes
- Abschirmung des Gebäudes gegen Lärm durch Schutzwälle und -wände

Alle Vorkehrungen müssen bereits zu Beginn der Projektierungsarbeiten überlegt werden, sodass sie im Planungsprozess berücksichtigt werden können. Der Architekt hat entsprechende Vorschläge zu erarbeiten.

Frage 5

Gibt es eine Kontrollinstanz?

Abhängig vom Außenlärmpegel sind in DIN 4109 Anforderungen, u.a. an den Schallschutz von Außenbauteilen, festgelegt. Diese Anforderungen sind allgemein verbindlich und müssen eingehalten werden. Übersteigen die Außenlärmpegel bestimmte Grenzwerte oder setzt der Bebauungsplan fest, dass Vorkehrungen zum Schutz vor Außenlärm am Gebäude zu treffen sind, so ist ein Lärmschutznachweis Bestandteil der Bauvorlagen. Der Planer bzw. Ersteller des Nachweises haftet für die Richtigkeit.

Kosten

Bei Neu- wie Umbauten sind die Mehrkosten für Schallschutzmaßnahmen i. d. R. durch die Bauherrschaft zu tragen. Über mögliche Zuschüsse, z.B. bei nachträglichem Einbau von Schallschutzfenstern, informieren die Gemeinden.

Informationen

Informationszentrum Lärm, DAL Deutscher Arbeitsring für Lärmbekämpfung e.V., Internet: www.dalaerm.de, E-Mail: IZLaerm@dalaerm.de
Was Sie schon immer über Lärmschutz wissen wollten (Taschenbuch), Umweltbundesamt, Internet: www.umweltbundesamt.de

Siehe auch

Innenlärm, Zu- und Abluftanlagen

Bauproduktinformationen

Objektive Produktinformationen schaffen Klarheit

Bedeutung

Die Werbung mit pauschalen Umweltargumenten wie umweltfreundlich, baubiologisch geprüft, recyclierbar, FCKW-frei ist nicht immer über jeden Zweifel erhaben, und durch den Konsumenten nicht überprüfbar. Deshalb gibt es von verschiedenen Institutionen Informationen und Labels, die einen objektiven Vergleich von gewissen ökologischen Eigenschaften ermöglichen.

Umsetzung

Es gehört zur Aufgabe der Architekten Informationsquellen zur Ökologie und Gesundheit betreffende Eigenschaften von Bauprodukten zu kennen. Es sind jene Bauprodukte zu bestimmen, die anhand der Informationen auf ökologische Qualität zu überprüfen sind. Eine fundierte und geordnete Dokumentation über die verwendeten Produkte nach Bauvollendung ist empfehlenswert.

ECOBIS – Ökologisches Baustoffinformationssystem des Bundesministeriums für Verkehr, Bau- und Wohnungswesen und der Bayerischen Architektenkammer enthält Aussagen zu wichtigen ökologischen Merkmalen in allen Lebensphasen (Rohstoffe, Herstellung, Verarbeitung, Nutzung, Nachnutzung) auf Produktgruppenebene (z. B. Dispersionsfarbe, nicht das Einzelprodukt eines bestimmten Herstellers).
ECOBIS enthält auch das komplette Gefahrstoffinformationssystem der Bauberufsgenossenschaften WINGIS, das umfassend über die Gesundheitsauswirkungen bei der Verarbeitung von Bauproduktgruppen und Bauprodukten informiert.
Die Interpretation des Informationssystems ECOBIS erfordert bautechnische Fachkenntnisse. Bitten Sie Ihren Architekten, damit zu recherchieren.

Kennzeichnungen

Umweltzeichen (Blauer Engel)
Umweltbezogene Kennzeichnung für Produkte, die sich im Vergleich zu anderen dem Gebrauchszweck dienenden Produkten durch besondere Umweltfreundlichkeit auszeichnen.

FSC Gütesiegel für Holzprodukte
Zertifikat des Forest Stewardship Council (Welt-Forst-Rat) das für eine naturnahe, nachhaltige und sozialverträgliche Bewirtschaftung der Wälder ver-
geben wird. Es gilt weltweit von den Tropen bis zum Stadtwald vor unserer
Türe. Wird das Zertifikat erteilt, können die Betriebe ihre Holzprodukte mit
dem FSC-Gütesiegel auszeichnen.

EMICODE (Emissionsklassifizierung von Bodenbelagsklebstoffen)
Der EMICODE soll Planern, Verarbeitern und Bodenbelagsherstellern als
Orientierungshilfe zur Auswahl emissionsarmer Bodenbelagsklebstoffe
dienen.

GUT (Gemeinschaft umweltfreundlicher Teppichböden)
Das Signet kennzeichnet textile Bodenbeläge, die auf Schadstoffe, Emissionen und Geruchsbildung geprüft wurden. Das Label garantiert bis zu einem
gewissen Maß die Abwesenheit geruchsintensiver gesundheitsschädlicher
Substanzen.

Informationen

ECOBIS – Ökologisches Baustoffinformationssystem (Interpretation
erfordert bautechnische Fachkenntnis), Bestellung über Bayerische Architektenkammer, Internet: www.byak.de
Umweltzeichen „Blauer Engel", Internet: www.blauer-engel.de
Stiftung Warentest, Tests zu einzelnen Produkten, Internet:
www.warentest.de

Siehe auch

Böden aus Stein- und Tonplatten, Elastische Bodenbeläge, Formaldehyd,
Graue Energie, Holzschutzmittel, Holzwerkstoffe, Innenraumluft, Malerarbeiten innen, Naturfarben, Parkett, Teppiche, Wärmedämmung, Wasserleitungen

B

Beleuchtung
Kostengünstiges Licht am richtigen Ort

Bedeutung

Kostengünstiges Licht am richtigen Ort ergibt sich durch
- den Einsatz effizienter Lichtquellen sowie
- eine der Nutzung entsprechende Platzierung des Lichtes.

Wie das Tageslicht trägt auch das künstliche Licht wesentlich zur Wohnqualität bei. Es ist immer im Zusammenhang von Raumproportion, Farbe und Material zu betrachten. Auf die Beleuchtung entfallen etwa 10 % des gesamten Strombedarfes einer Wohnung.

Umsetzung

Wohnraum
Generell kann mit diffusem indirektem und gerichtetem direkten Licht eine der Nutzung und Stimmung entsprechende Beleuchtung erzeugt werden. Die Dimmbarkeit von Lichtquellen erhöht den Komfort.
Der Fernseher als alleinige Lichtquelle führt zu einer hohen Augenbelastung. Einer solchen Belastung kann durch eine blauweiße Lichtquelle hinter dem Gerät begegnet werden.

Küche
Küchen müssen ein gutes Arbeitslicht aufweisen. Das heißt eine direkte Anordnung der Leuchte über dem Arbeitsplatz, in der Regel unterhalb der Oberschränke. Eine zusätzliche Allgemeinbeleuchtung ist sinnvoll und ermöglicht den Einblick in die Schränke.

Bad
Bei Spiegelbeleuchtungen sollte das Licht von vorne diffus auf das Gesicht fallen. Ideal sind Leuchten links und rechts oder um den ganzen Spiegel herum.

Treppenhäuser
Die Beleuchtung der Treppen sollte so sein, dass sich auf den Stufen kurze und weiche Schatten ergeben. Dadurch werden die einzelnen Stufen besser sichtbar und die Sicherheit beim Treppensteigen erhöht sich.

Außenbereich

Im Außenbereich sind so genannte gefährliche, das heißt uneinsehbare und dunkle Bereiche zu vermeiden. Sinnvoll platzierte Leuchten an Gehwegen und vor Haustüren erhöhen die Sicherheit. Sie lassen sich mit Dämmerungs-schaltern, Zeitschaltuhren oder Bewegungsmeldern steuern.

Installationen

Installationen sollten möglichst flexibel sein. Stromschienen und Installa-tionskanäle und -leisten sind vorteilhaft. Mittels geschalteten Steckdosen können auch Steh- oder Tischleuten mit dem Lichtschalter bedient werden.

Leuchten

Außer an Orten, wo das Licht häufig ein- und ausgeschaltet wird, sollten alle Leuchten mit Kompaktleuchtstoff- oder stabförmigen Leuchtstofflam-pen ausgerüstet sein.

Kosten

Die durchschnittlichen Investitionskosten für die allgemeine Wohnbeleuch-tung betragen etwa DM 12,– bis 35,– (€ 6 bis 18) per m^2 und 100 Lux. Für eine durchschnittliche 4-Zimmer-Wohnung von etwa 100 m^2 Wohnfläche ergibt sich ein Betrag von etwa DM 2.000,– bis 6.000,– (€ 1.023 bis 3.068).

Informationen

Fördergemeinschaft Gutes Licht FGL, Schriftenreihe zu guter Beleuch-tung, Darstellung von Beleuchtungssituationen im Internet: www.licht.de **Stromsparen im Haushalt**, Informationsblatt Nr. 29, Hinweise zum Energiesparen, Bayerisches Staatsministerium für Wirtschaft, Verkehr und Technologie, Internet: www.stmwvt.bayern.de

Siehe auch

Betriebskosten, Elektrosmog, Fenster, Möblierungsflexibilität, Tageslicht-nutzung

Bepflanzungen

Mehr Lebensräume durch natürliche Vielfalt

Bedeutung

Die Vegetation widerspiegelt die Jahreszeiten, weckt Erinnerungen und Vorfreuden. Auch auf kleinen Flächen vermitteln Pflanzen Stimmungen, bieten Lebensraum für Kleintiere und beschenken uns mit Blumen und Früchten. Größere Bepflanzungen dienen auch der Raumbildung und dem Sichtschutz. Eine nach ökologischen Kriterien differenziert gestaltete Umgebung bietet Grundlage zur Entwicklung einer Artenvielfalt an Pflanzen und Tieren. Auch naturnah gestaltete Umgebungen erfordern einen Unterhalt.

Umsetzung

Bodenzusammensetzung, Nährstoffgehalt, Wärme, Licht, Exposition und Wasserhaushalt sind Faktoren, welche die unterschiedlichen Wuchsorte (Biotope) definieren und somit für die Artenzusammensetzungen (Gemeinschaften) verantwortlich sind. Unterschiedliche Wuchsorte erhöhen die Artenvielfalt an Pflanzen und Tieren. Die Artenwahl eines Bepflanzungskonzeptes muss auf die unterschiedlichen Nutzungen einer Umgebung abgestimmt werden (Spielplätze, Nutzgärten, Wohngärten, Plätze, Parkplätze, Lagerplätze, etc.).

Vegetative Elemente einer naturnahen Umgebung

Wiesen

Mager- und Blumenwiesen besitzen gegenüber Zuchtrasen und Fettwiesen ein hohes Artenpotential an einheimischen Kräutern und Gräsern und somit einen weitaus größeren ökologischen Wert. Magerwiesen eignen sich gut für ungestörte, sonnige Böschungsbereiche. Die Wahl der Ansaat muss sich jedoch nach den jeweiligen Nutzungsabsichten richten. Auf einer Spielwiese haben die Wiesenblumen keine Chance, die Samenreife zu erreichen. Der Unterhalt beschränkt sich auf ein, zwei Schnitte pro Jahr. Um eine Nährstoffanreicherung zu vermeiden, muss das Schnittgut abgeführt werden.

Ruderalflächen

Dies sind Flächen, welche der natürlichen Vegetationsentwicklung zur Verfügung gestellt werden, das heißt diese werden weder angesät noch bepflanzt. Die sich langfristig entwickelnde Vegetation (Pflanzengemeinschaft) steht in Abhängigkeit zu den Bedingungen des Wuchsortes (Biotop).

Nischenvegetation

Durch das Anlegen von fugenreichen Belagsarten oder Mauern (zum Beispiel Trockenmauern) entwickeln sich in den Nischenstandorten Kleinvege-
tationen aus Kräuterarten. Sie bieten vor allem Insekten einen wertvollen
Lebensraum.

Gehölze

Gehölzbepflanzungen setzen sich aus einheimischen Baum- und Strauch-
arten zusammen. Sie können als Solitärexemplare, in Gruppen oder als
Wildhecken gepflanzt werden. Wildhecken können als reine Strauchhecken
(ohne Baumarten) oder in Kombination von Bäumen und Sträuchern an-
gelegt werden. Soll eine Wildhecke langfristig als Lebensraum Bedeutung
erlangen, braucht sie viel Platz. Wildhecken bieten Vögeln und Kleintieren
Schutz und Nahrung (Früchte), sind aber auch willkommene Spielplätze.
Als Lebensraum für Vögel und Insekten sind auch Obst-Hochstammbäume
wertvoll.

Planung

Auch wenn ein naturnaher Garten einen eher wilden Charakter aufweist,
ist er durchaus kein Zufallsprodukt, sondern das Ergebnis aus Kenntnissen
landschaftsökologischer Zusammenhänge. Daher ist eine Beratung durch
eine Fachperson aus der Landschaftsarchitektur oder dem Gartenbau sinnvoll. Die Entwicklung dauert Jahre, für den Interessierten ist dies aber eine
spannende Zeit. Im Rahmen des Unterhaltes kann steuernd in die Entwicklung eingegriffen werden.

Kosten

Mager- oder Blumenwiese inkl. Vorbereitung,
ohne Erdarbeiten pro m² von DM 3,– bis DM 5,– (€ 1,50 bis 2,60)
Sträucher, je nach Art und Größe
pro Stück von DM 30,– bis DM 70,– (€ 15,– bis 36,–)
Wildhecken, von DM 10,– bis DM 15,– (€ 5,– bis 8,–)
Forstpflanzen pro m²

Informationen

Naturnahe Kleingärten, Broschüre des Bayerischen Staatsministeriums für
Landesentwicklung und Umweltfragen, Internet:
www.umweltministerium.bayern.de

Siehe auch

Fassadenbegrünung, Flachdachbegrünung

Betriebskosten
Niedrige Betriebskosten schonen den Geldbeutel und die Umwelt

Bedeutung

Die Betriebskosten bestehen aus den Ausgaben für Heizung, Warmwasser, Elektrizität, Trinkwasser und Abwasser sowie den Unterhalts- und Wartungskosten der technischen Hausinstallationen. Niedrige Betriebskosten erfordern höhere Investitionen, die sich längerfristig betrachtet jedoch bezahlt machen und zudem die Umweltbelastung reduzieren. Dies umso mehr, wenn man die steigenden Preise für Energie, Trinkwasser und Abwasser berücksichtigt.

Umsetzung

Das folgende Beispiel soll an der Verbesserung des Wärmedämmstandards aufzeigen, dass die Mehrinvestitionen zu einer realen Senkung der Betriebskosten führen können. Basis bildet ein Mehrfamilienhaus MFH mit zwölf Wohneinheiten und 760 m² Wohnfläche.

	MFH ohne besondere Maßnahmen	**MFH mit** besonderen Maßnahmen (Niedrigenergiehausstandard)
Außenwand	U = 0,43 W/m² K	U = 0,21 W/m² K
Dach (Zwischensparrendämmung)	U = 0,2 W/m² K 18 cm Dämmung (WLG 035)	U = 0,17 W/m² K 25 cm Dämmung (WLG 035)
Fenster	U = 1,8 W/m² K Wärmeschutzverglasung	U = 1,3 W/m² K Wärmeschutzverglasung mit Edelgasfüllung
Kellerdecke	U = 0,35 W/m² K 8 cm Dämmung (WLG 035)	U = 0,25 W/m² K 12 cm Dämmung (WLG 035)

Die Mehrinvestitionen (bauliche Mehrkosten) für das MFH mit besonderen Maßnahmen betragen ca. DM 40.000,– (€ 20.452,–). Das entspricht jährlichen Kapitalkosten von ca. DM 2.362/€ 1.208,– (Betrachtungszeitraum 30 Jahre, Kapitalzins 7,6% nominal, Inflationsrate 3,2%).
Bei einer jährlichen Einsparung von ca. 20.806 kWh betragen die Kosten dieser eingesparten Nutzwärme ca. 0,114 DM/kWh (0,058 €/kWh).
(Zahlen nach W. Feist (Hrsg.), Das Niedrigenergiehaus, C.F. Müller Verlag, Heidelberg, 1998)

Bei derzeitigen Nutzwärmepreisen von Gas-Zentralheizungen von 0,10 – 0,14 DM/kWh (0,05 – 0,07 €/kWh) sind die Mehrinvestitionen auch ökonomisch betrachtet als vorteilhaft zu beurteilen. Bei 0,14 DM/kWh (0,07 €/kWh) Nutzwärmepreis beträgt die Einsparung ohne besondere finanzielle Förderung ca. 540 DM (276 €) pro Jahr.

Siehe auch Beleuchtung, Energieeinsparverordnung, Fenster, Gebäudevolumen, Haushaltsgeräte, Holzheizung, Passivhäuser, Regenwassernutzung, Solarzellen, Sonnenkollektoren, Tageslichtnutzung, Wärmedämmung, Wärmepumpe, Zu- und Abluftanlagen

B

Böden aus Stein- und Tonplatten
Dauerhaft und unterhaltsfreundlich

Bedeutung

Mineralische Bodenbeläge haben viele ökologische Vorteile. Sie bestehen aus Rohstoffen, die weltweit in großen Mengen vorhanden sind. Die Herstellung der Beläge erfordert vergleichsweise wenig Energie und verursacht eine geringe Umweltbelastung, selbst wenn die Natursteine von Übersee transportiert werden. Die Verarbeitung von mineralischen Bodenbelägen verursacht keine Umweltprobleme, und die Bodenbeläge geben keine Schadstoffe ab. Selbst die natürliche Radioaktivität gewisser Natursteine ist verglichen mit dem Radongas, das aus dem Untergrund in das Haus dringen kann, unbedeutend. Bei der richtigen Wahl des Steintyps und der Oberflächenbehandlung sind die Beläge unterhaltsfreundlich. Mineralische Bodenbeläge können problemlos entsorgt oder zusammen mit anderen mineralischen Baustoffen als Mischabbruchmaterial verwendet werden.

Umsetzung

Natursteinbeläge
Es gibt eine außerordentlich große Vielfalt an verschiedenen einheimischen oder ausländischen Natursteinen, die sich im Aussehen, in der Porosität und der Abriebfestigkeit unterscheiden. In der Regel kann zwischen rohen (gespaltenen), geschliffenen oder polierten Oberflächen gewählt werden.

Kunststeinbeläge
Ebenso vielfältig bezüglich Muster und Beschaffenheit sind die Kunststeine. Sie bestehen aus 15 bis 20% Zement, häufig aus Weißzement, der die speziellen Sand- und Kiesqualitäten bindet. Diese geben je nach Farbe, Korngröße und Beschaffenheit dem Kunststeinboden die Prägung. Die Oberflächenbehandlungsarten sind mit denjenigen der Natursteine vergleichbar.

Tonplattenbeläge
Sie bestehen wie die Dachziegel und Ziegelsteine aus gebranntem Ton und Lehm. Je nach Rohstoffherkunft sind sie weiß bis dunkelrot und werden manchmal auch eingefärbt. Die Tonmischung und der Brennprozess bestimmen die Eigenschaften wie Porosität, Abriebfestigkeit und Bruchsicherheit. Billige Qualitäten mögen häufig in dieser Hinsicht nicht zu genügen. So genannte Klinker sind hoch gebrannt und weisen in der Regel gute mechanische Eigenschaften auf.

B

Besonders zu beachten:

- Mit Steinbelägen sind ökologisch optimale Lösungen möglich, wenn für die vorgesehene Nutzung das richtige Produkt und die richtige Oberflächenbehandlung gewählt wird.

- Bei der Wahl des Produktes ist auf Abriebfestigkeit und Trittsicherheit zu achten.

- Hochglänzende helle oder dunkle Beläge sind heikler als matte Farben in Zwischentönen. Gemusterte Platten zeigen eher abgenützte Gehbereiche als ungemusterte. Schmutzschleusen beim Eingang (Wohnung, Garten) erleichtern die Reinigung und schonen alle Bodenbeläge.

- Bei Natursteinbelägen und Tonplatten ist auf möglichst kleine Poren zu achten. Bei größeren Poren bilden sich leichter Flecken. Kalkstein- und Sandsteinböden sind poröser als beispielsweise Marmor, Granit oder Schiefer. Steinböden mit großen Poren müssen oft imprägniert werden. Vor allem bei Tonbelägen bildet sich mit dem Alter eine Patina, die das Eindringen von Wasser und Flüssigkeiten verhindert.

Kosten

Für fertig verlegte Bodenbeläge gelten folgende Richtpreise pro m² für 1,5 – 4 cm dicke Platten ohne spezielle Oberflächenbehandlung.

Belagstyp	DM/m²	(€/m²)
	(bei einer Gesamtfläche von ca. 100 m²)	
Natursteinbeläge	150,– bis 300,–	(77,– bis 153,–)
Kunststeinbeläge	90.– bis 150.–	(46,– bis 77,–)
Tonplatten, unglasiert	100,– bis 250,–	(51,– bis 128,–)

Siehe auch

Bauproduktinformationen, Elastische Bodenbeläge, Lebensdauer, Parkett, Teppiche

Elastische Bodenbeläge
Kork und Linol als ökologische Alternativen

Bedeutung

Bodenbeläge müssen oft und regelmäßig gereinigt werden und sind je nach Nutzung einer starken Belastung ausgesetzt. Ein umweltgerechter Bodenbelag ist in der Herstellung ressourcenschonend und wenig umweltbelastend, ist pflegeleicht, lässt sich leicht erneuern und später ohne Probleme entsorgen. Unter den elastischen Bodenbelägen gibt es keine Produkte, die alle Anforderungen in idealer Weise erfüllen. Lebensdauer und Reinigungsintensität eines Bodenbelags sind von der Nutzungsintensität, vom Glanz und der Farbe und oft auch von der spezifischen Oberflächenbeschaffenheit abhängig.

Umsetzung

Kork- und Linoleumbeläge
Beide Beläge bestehen weitgehend aus erneuerbaren Rohstoffen aus extensiver und nachhaltiger Bewirtschaftung. Die Rohstoffherkunft und die vergleichsweise einfache Herstellung der Beläge sind die ökologischen Pluspunkte. In Bezug auf die Verlegung (Befestigung mit Klebstoffen), die Nutzung (Reinigung, Lebensdauer) und Entsorgung unterscheiden sie sich kaum von den Kunststoffbelägen. Korkbeläge müssen versiegelt werden, Linoleumböden brauchen keine Versiegelung.

Kunststoffbeläge
Das Recycling von Kunststoffbelägen ist zwar möglich, scheitert in der Praxis jedoch an der Logistik und am fehlenden Absatzmarkt für gebrauchte Kunststoffe. Bei den PVC-Bodenbelägen ist vor allem die Entsorgung problematisch. Deshalb wurden so genannte Polyolefinbeläge als Alternative entwickelt, die bei der Verbrennung wesentlich weniger problematische Rückstände ergeben. Die Langzeiterfahrung mit diesen Belägen fehlt.

Kautschukbeläge (Gummi)
Die so genannten Gumminoppenbeläge bestehen in der Regel aus einem synthetischen Kunststoff, der in der Herstellung relativ aufwändig und umweltbelastend ist. Die Beläge enthalten auch erhebliche Mengen an Additiven, die bei der Entsorgung eher problematisch sind. Auch der Naturkautschuk aus Latex ist relativ herstellungsintensiv und mit denselben Additiven versehen. Beläge mit Noppen sind schlecht zu reinigen und verändern sich mit dem Alter. Sie sind jedoch sehr strapazierfähig.

Besonders zu beachten:

- Kork- und Linoleumbeläge haben ökologische Vorteile bei der Herstellung. Reinigungsintensität und Dauerhaftigkeit sind unter vergleichbaren Belastungen ähnlich wie bei Kunststoffbelägen.

- Hochglänzende helle oder dunkle Beläge sind heikler als matte Farben in Zwischentönen. Bodenbeläge mit Muster sind in der Regel weniger heikel als Uni-Beläge. Schmutzschleusen beim Eingang (Wohnung, Garten) erleichtern die Reinigung und schonen alle Bodenbeläge.

- Alle Bodenbeläge sollten wenn möglich lose oder mit Klebbändern verlegt werden. Ist ein Verkleben unumgänglich, sollten Dispersionskleber verwendet werden.

- Bei starker Belastung lohnt sich eine werkseitige Oberflächenbehandlung.

Kosten Für fertig verlegte Bodenbeläge gelten folgende Richtpreise pro m^2:

	DM/m^2 (bei einer Gesamtfläche kleiner als 100 m^2)	€/m^2	DM/m^2 (bei einer Gesamtfläche von ca. 500 $m^{2)}$	€/m^2
Korkplatten versiegelt	70,– bis 120,–	(36,– bis 61,–)	60,– bis 110,–	(31,– bis 56,–)
Linoleum 2,5 mm	70,–	(36,–)	55,–	(28,–)
PVC 2 mm	40,– bis 120,–	(20,– bis 61,–)	35,– bis 110,–	(18,– bis 56,–)
Polyolefinbeläge 2 mm	80,–	(41,–)	75,–	(38,–)
Kautschukbeläge 2,8 mm mit Gumminoppen	70,–	(36,–)	65,–	(33,–)
Naturkautschuk 2,8 mm	60,–	(31,–)	55,–	(28,–)

Informationen **Baustoffe richtig auswählen**, Ratgeber 11, Landesinstitut für Bauwesen des Landes Nordrhein-Westfalen, Internet: www.lb.nrw.de

Siehe auch Bauproduktinformationen, Böden aus Stein- und Tonplatten, Innenraumluft, Lebensdauer, Parkett, Teppiche

Elektrosmog
Entspannter Schlafen

Bedeutung

Ursachen
Unter Elektrosmog versteht man Beeinflussungen von Elektromagnetfeldern, ausgehend von elektrischen Leitungen, Geräten, Einrichtungen und Sendern. Elektrosmog kann man weder riechen, sehen noch hören. Er kann nur mit Messgeräten festgestellt werden. Elektromagnetfelder gibt es überall; erreichen sie eine gewisse Intensität oder wirken sie über eine lange Zeitdauer, kann dies gesundheitliche Auswirkungen haben. Elektromagnetfelder sind nicht zu verwechseln mit den natürlichen Geomagnetfeldern (Erdstrahlen oder Wasseradern).

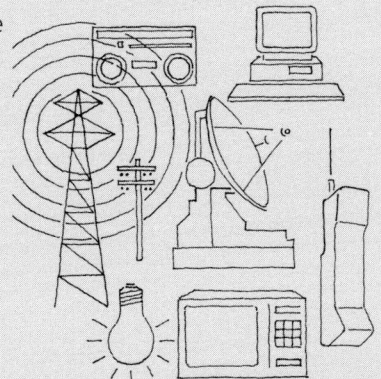

Quellen des Elektrosmogs

Symptome
Es gibt Menschen, die auf Elektrosmog sensibel reagieren. Sie verspüren unspezifische Symptome wie Stresserscheinungen, Schlafstörungen, Kopfschmerzen, Müdigkeit, rheumaartige Gelenk- und Muskelschmerzen. Während die meisten Leute keine gesundheitlichen Beeinflussungen verspüren, sind die Auswirkungen für elektrosensible Menschen zum Teil gravierend.

Grenzwerte
Die Grenzwerte der deutschen Verordnung über elektromagnetische Felder orientieren sich an den internationalen Empfehlungen. Da jedoch elektrosensible Menschen auch weit unterhalb dieser Sicherheitsgrenzwerte mit gesundheitlichen Symptomen reagieren, werden als Vorsorge bedeutend niedrigere Richtwerte empfohlen, die für alle ein verträgliches Elektroklima ergeben.

Umsetzung	**Elektroinstallationen**

Beim Beachten gewisser Prinzipien können Elektroinstallationen emissionsarm ausgeführt werden. Schlafzimmer, Ruheräume und auch Arbeitsplätze werden prioritär behandelt. So genannte Ringleitungen sind zu vermeiden, Sicherungsverteiler, Steigleitungen und starke elektrische Verbraucher wie Computer sollten möglichst weit von diesen Bereichen entfernt sein. Netzfreischalter können eine sinnvolle Ergänzung oder eine gute Sanierungsmöglichkeit in bestehenden Installationen darstellen. Sie senken die Spannung ab, wenn keine elektrischen Geräte oder Lampen in Betrieb sind. Bei elektrischen Radioweckern und Geräten im Stand-by-Betrieb wie Fernseher funktionieren Netzfreischalter nicht. Sie reagieren erst, wenn alle Geräte vollständig abgeschaltet sind.

Elektrosmog von außen

Der Elektrosmog ist vor allem hausgemacht. Trotzdem ist auch der von außen einwirkende Elektrosmog zu beachten. Dies können Sendeanlagen (Mobilfunk, TV und Radio), Hochspannungs- und Bahnleitungen, Trafostationen und andere technische Einrichtungen sein. Eine Abschirmung gegen diese Felder ist sehr kompliziert und aufwändig.

Kosten

Die Mehrkosten betragen bei einer gezielten Leitungsführung und einem Netzfreischalter pro Wohnung rund 1 bis 2 % der Elektrotechnik-Aufwände. Bei einer Installation mit abgeschirmten Kabeln betragen die Mehrkosten bis zu 10 %.

Informationen

Elektrosmog, Ratgeber Gesundheit der AGV Arbeitsgemeinschaft der Verbraucherverbände e.V., Internet: www.agv.de
Elektrosmog-Report, Fachinformationsdienst zur Bedeutung elekromagnetischer Felder für Umwelt und Gesundheit,
Nova-Institut für politische und ökologische Innovation
Internet: www.nova-institut.de

87

Energieeinsparverordnung EnEV

Verordnung über energiesparenden Wärmeschutz und energiesparende Anlagentechnik bei Gebäuden

Bedeutung

Die Anforderungen an den Wärmeschutz von Gebäuden sind nicht freigestellt, sondern gesetzlich geregelt. Der Nachweis zur Einhaltung der gesetzlichen Anforderungen ist Bestandteil der Baugenehmigung. Spätestens 2002 soll nun die neue **Energieeinsparverordnung** (EnEV) in Kraft treten. Sie stellt ein zentrales Instrument dar, mit dem die Bundesregierung den CO_2-Ausstoß drastisch verringern will. Bezogen auf den Standard der Wärmeschutzverordnung von 1995 soll der Primärenergiebedarf von Neubauten um 25 - 30 % reduziert werden. Da der Primärenergiebedarf sowohl von Eigenschaften des Gebäudes (z. B. Wärmedämmung) als auch von der Qualität der Heizung abhängt, werden in der EnEV die bisherige Wärmeschutzverordnung und Heizungsanlagenverordnung zusammengefasst.

Umsetzung

Neubauten

Ein Neubau muss künftig so errichtet werden, wie es dem aktuellen Stand des energiesparenden Bauens entspricht. Die neue nachzuweisende Hauptanforderungsgröße ist der **Jahres-Primärenergiebedarf**. Neben Wärmeschutzmaßnahmen können jetzt auch Energiesparmaßnahmen durch passive Solarenergienutzung z. B. über günstig angeordnete Fenster, durch aktive Nutzung erneuerbarer Energien sowie durch die Heizungstechnik so miteinander kombiniert werden, dass in der Summe der Maßnahmen die Anforderung erreicht wird. Es besteht also eine „Verrechenbarkeit" unterschiedlicher Energiesparmaßnahmen. Werden z. B. anlagetechnischen Komponenten des Gebäudes (Heizungsanlagen, Heizwärmeerzeugung und Verteilungssystem) optimiert, können dafür im Bereich der wärmeübertragenden Umfassungsfläche Dicken des Wärmedämmstoffes reduziert werden. Der Mindest-Dämm-Standard der Wärmeschutzverordnung 1995 darf allerdings nicht unterschritten werden. Andererseits müssen gemäß EnEV ineffiziente Heizungs-Systeme durch höhere bauliche Anforderungen (dickere Dämmschichten) ausgeglichen werden. Der sog. **Niedrigenergiehaus**-Standard mit konventioneller Heizungstechnik erfüllt in etwa die neuen Anforderungen der EnEV.

Umbauten

Weiterhin werden auch die Anforderungen bei Umbaumaßnahmen angehoben. Unter anderem werden für Altbauten die maximal zulässigen U-Werte (alte Bezeichnung: k-Werte) für einige Bauteile reduziert und es besteht eine Nachrüstungsverpflichtung für veraltete Heizungsanlagen.

Weitere Regelungen der EnEV

- Berücksichtigung von thermischen Verlusten durch **Wärmebrücken** in der Gebäudehülle und der **Luftdichtheit** der Gebäudehülle
- Regelung des **sommerlichen Wärmeschutzes**. Für den von sommerlicher Überhitzung am meisten gefährdeten Raum muss der Nachweis erbracht werden, dass der Sonneneintragswert der transparenten Bauteile einen bestimmten Maximalwert nicht überschreitet. Mit dieser Maßnahme soll für Wohnungen und ähnlich genutzte Gebäude im Sommer auf Anlagentechnik zur Kühlung verzichtet werden können.
- Vorschrift eines **Energiebedarfsausweises (Energiepass)** für alle neuen und wesentlich geänderten Gebäude. Dieser soll so ausgestattet sein, dass auch Nichtfachleute ihn verstehen können. Der Energiebedarfsausweis soll nachweisen, dass ein Gebäude die Anforderungen gemäß EnEV erfüllt und dabei auch den Energiebedarf nach einzelnen Energieträgern aufschlüsseln.

Kosten

Grundsätzlich fordert die EnEV nur Maßnahmen, die wirtschaftlich vertretbar sind – sich also durch eingesparte Energiekosten **amortisieren**. Bei einem durchschnittlichen Anlagensystem (Niedertemperaturheizung) und einer bautechnischen Umsetzung, die eine Dichtheitsprüfung und sinnvoll geplante und umgesetzte Bauteilanschlüsse berücksichtigt, ergeben sich in der Regel Amortisationszeiten, die unter 25 Jahren liegen. Wird zusätzlich zu einem entsprechenden baulichen Wärmeschutz eine verbesserte Anlagentechnik (Brennwertkessel) eingesetzt, ergeben sich Amortisationszeiten von ca. 8 – 14 Jahren.

Die finanzielle Förderung beim Kauf oder Neubau eines Niedrigenergiehauses über die Ökozulage zum Eigenheimzulagengesetz entfällt nach in Kraft treten der EnEV für Gebäude, die unter die neue Verordnung fallen.

Informationen Siehe auch

EnEV-online, www.enev-online.de
Betriebskosten, Feuchtigkeit, Finanzierungen, Graue Energie, Haushaltgeräte, Holzheizung, Innenraumluft, Lüftungskonzepte, Wärmedämmung, Wärmepumpe, Zu- und Abluftanlage

Fassade

Witterungsschutz und Langzeitverhalten als wichtiges Kriterium

Bedeutung

Fassaden schützen die Außenwände vor der Witterung, verleihen dem Gebäude ein typisches Aussehen, nehmen Bezug zu den Nachbargebäuden oder grenzen sich von ihnen ab. Hinter jeder Fassade befinden sich verschiedene Schichten, die Funktionen wie Tragen, Dämmen, Speichern usw. übernehmen.

Der Witterungsschutz ist die aus technischer Sicht wichtigste Funktion, die eine Fassade zu übernehmen hat. Ein schlechter Witterungsschutz führt unweigerlich zu Schädigungen der Fassade selbst wie der dahinterliegenden Schichten der Wand. Die Folgen sind eine kürzere Lebensdauer und vermehrte Sanierungsarbeiten, alles Umstände, die mit einer zusätzlichen Umweltbelastung verbunden sind.

Umsetzung

Jede Fassade hat ihre spezifischen Vor- und Nachteile. ArchitektInnen sind in der Lage, diese aufzuzeigen und im Kontext der folgenden Fragen kritisch zu beleuchten:

- Mit was für einer Lebensdauer kann unter Berücksichtigung der klimatischen und objektspezifischen Verhältnisse wie Wetterexponiertheit und Fassadenhöhe gerechnet werden?
- Mit welchen Mehrinvestitionen lässt sich die Lebensdauer verlängern, etwa für ein Vordach und eine Sockelausbildung einer gestrichenen Holzfassade?

- Wie kann Wert und Funktionstüchtigkeit der Fassade langfristig erhalten werden?

- Was für ein Frühschadensrisiko besteht und was sind die unmittelbaren Folgen eines Schadensauftrittes wie durch das Eindringen von Wasser bei Rissen?

- Wie lassen sich Befestigungselemente wie für schwere Steinplatten bezüglich Korrosion kontrollieren, und wie ist die Ersetzbarkeit im Falle eines Versagen?

Kosten

Ein Kostenvergleich von verschiedenen Fassaden wie für eine Verkleidung oder einen Verputz macht nur im Zusammenhang mit der gesamten Außenwandkonstruktion Sinn. Wird dies nicht gemacht, besteht die Gefahr, dass beim Vergleich die Kosten für die Auswirkungen einer bestimmten Fassade auf die dahinterliegenden Schichten nicht richtig erfasst werden.

Für übliche Außenwandkonstruktionen von Wohngebäuden, unabhängig ob für einen Massiv- oder Holzbau, ob verkleidet oder verputzt, ist mit Kosten inklusive An- und Abschlussarbeiten von etwa DM 300,– bis 400,– (€ 153,– bis 205) pro m² (ohne Fensteranteil) zu rechnen. Für besondere Konstruktionen wie mit Metall- und Glasfassaden von Geschäftsbauten ist die Angabe eines solchen Kostenbereiches nicht sinnvoll, da je nach System weitere Funktionen integriert sind wie die des Sonnenschutzes, der Belüftung usw. Die Kosten sind wesentlich größer und fallspezifisch zu erfassen.

Siehe auch

Fassadenbegrünung, Holzsystembau, Lebensdauer, Wärmedämmung

Fassadenbegrünung
Kleiden Sie Ihr Haus grün ein

Bedeutung

Fassadenbegrünungen erhöhen durch Verdunstung die Luftfeuchtigkeit, beschatten Fassaden, schützen im Sommer vor allzu großer Erwärmung sowie vor schädlichen Auswirkungen der ultravioletten Strahlen und dienen zudem kleineren und größeren Lebewesen als Lebensraum. Eine Fassadenbegrünung ergibt keine Verbesserung der Wärmedämmung.

Umsetzung

Es gibt grundsätzlich zwei Arten von Pflanzen für Fassadenbegrünungen:

Selbstklimmer
Efeu und die wilde Rebe, die Bekanntesten, nutzen als erfolgreiche Kletterer Unebenheiten, Risse und Spalten im Mauerwerk als Hilfe aus. Deshalb dürfen sie nur an intakten Außenwänden gepflanzt werden, die den Pflanzen keine Gelegenheit bieten, bei Rissen unter Verputz oder hinter vorgehängte Fassadenverkleidungen einzuwachsen.
- Efeu ist immergrün, gedeiht auch an schattigen Fassaden und Mauern. Wuchshöhe 5–30 m
- Wilde Rebe, verliert ihre herrlich gefärbten Blätter im Herbst. Wuchshöhe 8–15 m.

Gerüstkletterer
Aufgrund der verschiedenen Arten sich festzuhalten werden Gerüstkletterer eingeteilt in Winder, Ranker und Spreizklimmer. Die Kletterhilfen sollten dauerhaft und stabil konstruiert sein, da Fassadenpflanzen zum Teil sehr alt werden. Hier eine kleine Auswahl:

Winder
- Baumwürger, Blütenfarbe grün, bezüglich Lage anspruchslos, Wuchshöhe 5–15 m
- Pfeifenwinde, Blütenfarbe gelbgrün, Lage Halbschatten bis schattig, Wuchshöhe 8–12 m
- Glyzine, Blütenfarbe blauviolett, Lage sonnig bis Halbschatten, Wuchshöhe 5–12 m

Ranker

- Alpenwaldrebe (Clematis), Blütenfarbe violett, Lage schattig, Wuchshöhe 1–3 m
- Gemeine Waldrebe, Blütenfarbe weiß, Lage sonnig bis Halbschatten, Wuchshöhe 2–12 m
- Weinrebe, Blütenfarbe gelbgrün, Lage sonnig bis Halbschatten, Wuchshöhe bis 30 m.

Spreizklimmer

Erfordern ein regelmäßiges Festbinden am Klettergerüst.
- Kletterrose, diverse Blütenfarben, Lage sonnig, Wuchshöhe 2–10 m

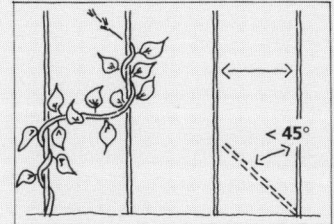 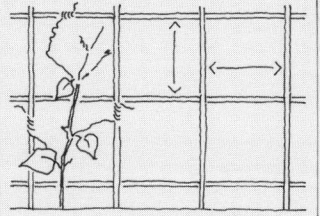 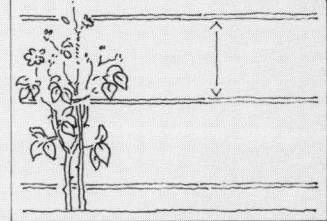

Windergerüst
Elementabstand   20 bis 100 cm
Wandabstand   10 bis 15 cm

Rankergerüst
Elementabstand   5 bis 20 cm
Wandabstand   5 bis 15 cm

Spreizklimmergerüst
Elementabstand   ca. 40 cm
Wandabstand   > 10 cm

Fassadenbegrünungen erfordern einen Unterhalt. Gewisse Sorten wie Efeu müssen 1- bis 2-mal pro Jahr nachgeschnitten werden.

Kosten

Pflanzen, je nach Art	pro Stück	von DM 25,– bis DM 70,– (€ 13,– bis € 36,–)
Kletterhilfen fertig montiert	pro m²	von DM 4,– bis DM 15,– (€ 2,– bis € 8,–)

Informationen

Dach- und Fassadenbegrünung, Ratgeber 5, Landesinstitut für Bauwesen des Landes Nordrhein-Westfalen, Internet: www.lb.nrw.de
Bauwerksbegrünung, Informationsblatt Nr. 28, Hinweise zum Energiesparen, Bayerisches Staatsministerium für Wirtschaft, Verkehr und Technologie, Internet: www.stmwvt.bayern.de

Siehe auch

Bepflanzungen, Fassade, Flachdachbegrünung

93

Fenster

Möglichst gut wärmedämmend

Bedeutung

Fenster stellen den Bezug zwischen der Außenwelt und dem Innenraum her. Es gilt, viel Tageslicht und Sonnenenergie zu nutzen sowie die Wärmeverluste so weit als möglich zu reduzieren. Dadurch lassen sich erhebliche Energieeinsparungen und Komfortverbesserungen erzielen. Um Überhitzungen zu vermeiden, sind Fenster mit einem Sonnenschutz zu versehen. Fenster sind empfindliche Bauteile. Sie müssen unterhalten werden und haben eine geringere Lebensdauer als das Gebäude selbst.

In der Regel wird über die Fenster gelüftet. Die reine Fensterlüftung erfordert eine sehr hohe Lüftungsdisziplin. In einem Vier-Personen-Haushalt kann ein 4- bis 6-maliges Lüften pro Tag notwendig sein.

Umsetzung

Wärmeschutz

Fenster, bestehend aus Rahmen und Verglasung, haben als gesamtes Element einen möglichst niedrigen U-Wert (kleiner als 1,2 W/m²K) aufzuweisen. Dies gilt für alle Fassaden, das heißt auch für Südfenster mit großen Sonnenenergiegewinnen.

Auf der Nordseite sind Fenster wegen der fehlenden Sonneneinstrahlung sparsam einzusetzen. Eine gute Energiebilanz ergibt sich bei großen Scheiben mit möglichst wenig Unterteilungen sowie einem kleinen Rahmenanteil.

Der Fenster-U-Wert ist die entscheidende Größe für eine ökologische Beurteilung. Fenster-U-Werte kleiner als 1,0 W/m²K lassen sich nur mit besonders wärmegedämmten Rahmenkonstruktionen erreichen.

Behaglichkeit

Gut dämmende Fenster verringern das Kältegefühl und die Gefahr von Kondenswasserbildung bei den Glasrändern. Sie erlauben es, Heizkörper auch an den Innenwänden zu platzieren, zentral in der Nähe der Installationszone. In Extremsituationen kann in den Ecken Kondenswasser auftreten, was jedoch nicht gravierend ist und sich von Hand abtrocknen lässt. Es gibt gut dämmende Gläser mit speziell beschichteten Oberflächen und Gasfüllungen (Wärmeschutzverglasungen), die lichtdurchlässig und farbneutral sind.

Helle, regulierbare Sonnenschutzvorrichtungen auf der Fensteraußenseite schützen vor Überhitzungen und vermögen trotzdem Licht in den Raum zu leiten. Starre Beschattungen sind nicht wirkungsvoll. Beschattungen durch Balkone und allzu große Vordächer wirken sich negativ auf die Tageslichtnutzung aus.

Unterhalt/Rückbau

Zu den Fenstern gehört auch, eine Auskunft über Pflege/Wartung sowie den Rückbau des Fensters und die Wiederverwertung der Materialien zu geben.

Wettergeschützte Fenster sind immer mit einem geringeren Unterhalt verbunden. Empfindlich und unterhaltsintensiv sind fassadenbündige Fenster. Besonders Holzfenster sind in der Fassade zurückversetzt anzuordnen. Holzfenster erfordern einen erhöhten Unterhaltsaufwand.

Kosten			
Fenster-U-Wert (Glas mit Rahmenanteil)	ca. 1,5 bis 1,2 W/m^2K		ca. 1,0 bis 0,7 W/m^2K
Kosten pro m² Fensterfläche (Glas mit Rahmenanteil)	DM 250,– bis 450,– (€ 128,– bis 230,–)		DM 450,– bis 850,– (€ 230,– bis 435,–)

Informationen

Wärmeschutz an Fenstern (Informationsblatt Nr. 12), **Temporärer Wärmeschutz/Fensterabdeckungen** (Informationsblatt Nr. 13), Hinweise zum Energiesparen, Bayerisches Staatsministerium für Wirtschaft, Verkehr und Technologie, Internet: www.stmwvt.bayern.de
Energieeinsparung an Fenstern und Außentüren, Energiesparinformationen Nr.1, Hessisches Ministerium für Umwelt, Landwirtschaft und Forsten, Internet: www.mulf.hessen.de

Siehe auch

Beleuchtung, Betriebskosten, Feuchtigkeit, Heizkörper, Innenraumluft, Lebensdauer, Lüftungskonzepte, Passivhäuser, Tageslichtnutzung

Feuchtigkeit
Eine immer häufigere Beanstandung

Bedeutung

Wie es dazu kam
Erhöhte Raumluftfeuchtigkeit ist heute bei vielen Gebäuden anzutreffen, vor allem bei Neubauten und speziell direkt nach Bauvollendung. Ist die Raumluft-Feuchtigkeit im Winter über längere Zeit höher als 50 %, so führt dies vor allem bei Wärmebrücken zu Schimmelpilzbildungen und begünstigt das Wachstum von Milben. Ursache zu hoher Raumluftfeuchtigkeit ist der zu geringe Luftwechsel als Folge dichter Fenster (erstellt nach dem heutigen Stand der Technik) wie ein reduziertes Lüften (berufsbedingte Abwesenheit, Energiespargründe). Ein 4-Personen-Haushalt produziert heute etwa 10 Liter Wasserdampf pro Tag und Wohnung.

Schimmelpilze und Milben
Schimmelpilze sind häufig Auslöser von Allergien wie Schnupfen und Asthma. Sie treten an kalten Außenwandoberflächen auf, vor allem hinter Möbeln. Milben sind von bloßem Auge nicht zu erkennen. Sie können keine Krankheiten übertragen, jedoch Allergien auslösen. Milben kommen vor allem in textilen Materialien und im Hausstaub vor. Bevorzugter Ort ist das Bett, speziell die Matratze und das Kopfkissen.

Umsetzung

Maßnahmen für niedrigere Raumluftfeuchtigkeit
- Schützen vor Regen und Schnee während der Bauphase
- Reduzieren von viel Feuchtigkeit enthaltenden Baustoffen
- Vorsehen von Austrocknungszeiten, idealerweise über die trockenen Wintermonate
- Ausreichender Luftwechsel durch ein den Bewohnern angepasstes Lüftungskonzept
- Keine Luftbefeuchter verwenden, ausgenommen in Situationen mit Raumluftfeuchtigkeit unter 30 %
- Möglichst keine Wäsche trocknen
- Durch Schließen der Türen vermeiden, dass Bade- und Duschfeuchtigkeit sowie die Kochfeuchtigkeit in die Wohnräume gelangt, direktes Ablüften nach außen

Lüftungskonzepte

Es wird unterschieden zwischen Fensterlüftung, Abluftanlagen sowie Zu- und Abluftanlagen möglichst mit Wärmerückgewinnung. Die Fensterlüftung erfordert eine sehr hohe Lüftungsdisziplin (5- bis 6-maliges kurzes Querlüften pro Tag). Abluft sowie Zu- und Abluftanlagen sind mechanische Systeme, die die Feuchtigkeit am effizientesten abzuführen vermögen.

Feuchtigkeitskontrolle während der Nutzung

Kondenswasserbildungen wie bei Ecken von Fensterscheiben lassen auf eine zu hohe Feuchtigkeit schließen. Eine bessere Kontrolle ist mit Hygrometern (Feuchtigkeitsmessgerät) möglich. Solche Geräte verstellen sich und müssen vor jeder Winterperiode geeicht werden. Pilzkritische Stellen sind Außenecken, vor allem hinter Möbeln und dicken Vorhängen.

Informationen

Feuchte Wände und Schimmelbildung, Informationsblatt Nr. 8,
Mauerfeuchtigkeit, Informationsblatt Nr. 9,
Raumklima und Behaglichkeit, Informationsblatt Nr. 10,
Hinweise zum Energiesparen, Bayerisches Staatsministerium für Wirtschaft, Verkehr und Technologie, Internet: www.stmwvt.bayern.de
Lüftung im Wohngebäude, Energiesparinformationen Nr. 8,
Kontrollierte Wohnungslüftung, Energiesparinformationen Nr. 9,
Hessisches Ministerium für Umwelt, Landwirtschaft und Forsten, Internet: www.mulf.hessen.de
Feuchtigkeit und Schimmelbildung in Wohnräumen
Ratgeber Bauen, Wohnen, Energie der AGV Arbeitsgemeinschaft der Verbraucherverbände e.V., Internet: www.agv.de

Siehe auch

Fenster, Innenraumluft, Lüftungskonzepte, Wärmedämmung, Zu- und Abluftanlage

Finanzierungen
Starthilfen für ökologische Projekte

Bedeutung

Neue, zukunftsweisende Umwelttechnologien vor allem im Energiebereich sind teilweise noch teuer. Zum einen sind sie in Entwicklung und weisen ein kleines Marktvolumen auf. Zum anderen sind die Preise für konventionelle Energieträger nicht so angestiegen, dass sie die externen Umweltkosten abdecken. Technologien werden deshalb durch private und öffentliche Institutionen auf verschiedene Arten finanziell unterstützt.

Umsetzung

Subventionen der öffentlichen Hand
(Bund, Länder, Gemeinden)
Zahlreiche ökologische Maßnahmen werden von Bund, Ländern oder Gemeinden finanziell gefördert. Die Nutzung erneuerbarer Energien steht dabei im Vordergrund. Zuschüsse gibt es z. B. für Solar- und Photovoltaikanlagen, Wärmepumpen, Holzheizungen und die Errichtung von Passivhäusern. In manchen Bundesländern oder Gemeinden werden auch Entsiegelungsmaßnahmen, Versickerungsanlagen, Dachbegrünungen oder Regenwassernutzungsanlagen unterstützt.
Die Bedingungen für Subventionen sind sehr unterschiedlich und ändern sich rasch. Erst nach Bewilligung, teilweise auch schon nach Antragseingang bei der Bewilligungsbehörde, darf mit dem Vorhaben begonnen werden. Daher ist es besonders wichtig, sich rechtzeitig darüber zu erkundigen, ob es für ein bestimmtes Projekt Förderungsmöglichkeiten gibt und ob auch noch Finanzmittel in diesem Programm zur Verfügung stehen. Es kann auch ausgeschöpft sein. Einen Rechtsanspruch auf Förderung gibt es in der Regel nicht.

Einspeisevergütungen für Strom aus erneuerbaren Energien
Neben den genannten Fördermaßnahmen gibt es gesetzlich festgelegte Vergütungen für Strom aus erneuerbaren Energien. Geregelt ist dies im Erneuerbare-Energien-Gesetz (EEG). Das Gesetz regelt die Abnahme und die Vergütung von Strom, der aus erneuerbaren Energien erzeugt wird, durch die Betreiber der Stromnetze. Es verpflichtet die Netzbetreiber, Strom aus erneuerbaren Energien in ihr Netz aufzunehmen und mit festgelegten Mindestbeträgen zu vergüten. Für die Einspeisung von Strom aus Solarenergie vergütet der Netzbetreiber z. B. 20 Jahre lang 99 Pfennig (50,62 Cent) pro

eingespeiste Kilowattstunde (kWh). Für Anlagen, die 2002 installiert werden, wird 20 Jahre lang 94,1 (48,11 Cent/kWh) und ab 2003 89,3 Pfennig/kWh (45,66 Cent/kWh) vergütet. Zum Teil zahlen die Netzbetreiber auch höhere Vergütungssätze als gesetzlich festgelegt.

Öko-Hypotheken

Für ökologische Maßnahmen oder einen besonders niedrigen Energieverbrauch gewähren gewisse Banken zinsvergünstigte Darlehen. Die Konditionen sind je nach Bank unterschiedlich. Es gibt aber auch die Möglichkeit, anhand einer Umweltpunkte-Checkliste unterschiedliche Zinsvergünstigungen zu erreichen. Je mehr ökologische Maßnahmen, umso günstiger gestalten sich die Zinskonditionen.

Kosten

Der Aufwand für Subventionsgesuche beschränkt sich je nach Angebot auf einige Formalitäten und Recherchen und lohnt sich in jedem Fall. Gefördert wird in Form von Investitions- und Finanzierungshilfen oder durch steuerliche Vergünstigungen.

Informationen

Förderdatenbank des Bundesministeriums für Wirtschaft und Technologie (BMWi), Überblick über die Förderprogramme des Bundes und der Bundesländer, detaillierte Informationen über Fördervoraussetzungen, Antragsverfahren, Ansprechpartner, Internet: www.bmwi.de
So hilft der Staat beim Bauen, Bundesministerium für Verkehr, Bau- und Wohnungswesen, Internet: www.bmvbw.de
Energiesparen mit Fördergeldern, Faxabruf Stiftung Warentest/getrennt nach Bundesländern, Internet: www.warentest.de
Öko-Hypotheken z. B. von der Debeka Bausparkasse und der UmweltBank Nürnberg

Siehe auch

Außenlärm, Flachdachbegrünung, Holzheizung, Energieeinsparverordnung, Passivhäuser, Regenwassernutzungsanlage, Solarzellen, Sonnenkollektoren, Versickerung, Wärmepumpe

Flachdachbegrünung
Ökologisch und fast ohne Mehrkosten

Bedeutung

Begrünte Flachdächer haben unbestrittene ökologische Vorteile. Sie wirken temperatur- und feuchtigkeitsausgleichend und vermögen große Mengen des anfallenden Regenwassers zu speichern und mit Verzögerung wieder an die Luft abzugeben.

Die Folge ist eine wesentliche Entlastung des Entwässerungssystems bis hin zur Kläranlage, sofern nicht bereits eine Versickerungsmöglichkeit auf dem eigenen Grundstück besteht.

Begrünte Dächer bilden Lebensräume für Insekten und Vögel. Zudem schützen sie den darunter liegenden Flachdachbelag vor Temperaturschwankungen. Das Wärmedämmvermögen des Daches an sich wird nicht verbessert. Bei Leichtkonstruktionen hingegen vermögen begrünte Dächer zusätzlich einen Wärmeschutz im Sommer zu erbringen.

Umsetzung

Arten der Begrünung
Es wird unterschieden zwischen Intensiv- und Extensivbegrünung. Intensivbegrünungen (Schichtdicken grösser als 15 cm) beinhalten eigentliche Gärten, die hohe Ansprüche an die Pflege stellen. Extensivbegrünungen (Schichtdicken 8–10 cm) haben ähnliche ökologische Vorteile, eine Gartenpflege entfällt, notwendig ist ein jährlicher Unterhalt.

Wasserrückhaltung
Die Rückhaltung erfolgt in der Substratschicht, bestehend aus mineralischen oder organisch-mineralischen Stoffgemischen wie Lava, Rindenkompost, Blähton usw. Sie lässt sich durch spezielle Wasserspeicherplatten über einer Drainageschicht wesentlich verbessern. Möglich ist auch ein künstlicher Wasseranstau mit einem Überlaufsystem.

Bauliche Randbedingungen
Die darunterliegende Flachdachabdichtung hat wurzelfest zu sein. Dachwassereinläufe sowie An- und Abschlüsse sind für Kontroll- und Unterhaltsarbeiten freizuhalten. Sinnvoll ist ein vegetationsfreier Streifen von etwa 30 bis 40 cm Breite.

System

Die Begrünung sollte Bestandteil des gesamten Flachdachsystems aus technischer wie rechtlicher Sicht sein. Sie ist im Vertrag des Flachdachunternehmers enthalten, der dafür die Verantwortung zu übernehmen hat.

Kosten

Extensivbegrünung	Herstellung pro m²	DM 40,–	bis	70,–
		(€ 20,50	bis	36,–)
	Wartung pro m² und Jahr	DM 1,50	(€ 0,77)	
Einfache Intensivbegrünung	Herstellung pro m²	DM 50,–	bis	125,–
		(€ 26,–	bis	64,–)
	Wartung pro m² und Jahr	DM 2,30	(€ 1,18)	
Intensivbegrünung	Herstellung pro m²	DM 125,–	bis	>350,–
		(€ 64,–	bis	>179,–)
	Wartung pro m² und Jahr	DM 2,50	bis	5,–
		(€ 1,28	bis	2,56)

Herstellungskosten für Dachbegrünung (ohne Wurzelschutzbahn)
Ab 125 DM/m² (64,– €/m²) Intensivbegrünung mit einzelnen Großsträuchern und Kleinbäumen, mittelhohen oder hohen Bäumen

Wird das Niederschlagswasser noch in die öffentliche Kanalisation geleitet, was eigentlich nicht sein sollte, so hat dies oft entsprechende Anschlussgebühren zur Folge. Durch die Begrünung von Dächern lässt sich diese Gebühr in der Regel auf Antrag (Nachweis der geringeren Abwassereinleitung) reduzieren. Eine einheitliche Regelung gibt es jedoch nicht. Oft lässt sich bereits durch die niedrigeren Anschlussgebühren ein Großteil der Mehrkosten abdecken, besonders im Hinblick auf weiter steigende Abwassergebühren. Die jährlichen Unterhaltskosten einer extensiven Begrünung sind nicht von Bedeutung, müssen doch Flachdächer so oder so periodisch unterhalten werden. In manchen Bundesländern, Städten oder Gemeinden werden Dachbegrünungen derzeit finanziell gefördert.

Informationen

Dach- und Fassadenbegrünung, Ratgeber 5, Landesinstitut für Bauwesen des Landes Nordrhein-Westfalen, Internet: www.lb.nrw.de

Siehe auch

Bepflanzungen, Fassadenbegrünung, Finanzierungen, Regenwassernutzung, Versickerung

101

Formaldehyd

Richtwerte unterschreiten

Bedeutung

Vorkommen

Formaldehyd ist nicht der einzige, aber der bekannteste Schadstoff im Innenraum von Gebäuden. Er hat schon in manchen Räumen mit geringem Luftwechsel zu gesundheitlichen Problemen geführt. Formaldehyd ist eine Reaktionskomponente von Kunstharzen, die vor allem bei Span- und MDF-Platten eingesetzt wird. Es wird aber auch als Konservierungsmittel in Farben und Bauchemikalien sowie als Hilfsmittel bei der Verarbeitung von Leder und Textilien eingesetzt. Formaldehyd ist auch ein Verbrennungsgas, das aus Kaminen und Auspuffrohren ausgestoßen wird und auch im Zigarettenrauch vorkommt.

Gesundheitsbeeinträchtigungen

Formaldehyd hat ein toxikologisch auffälliges Profil. Es handelt sich um einen so genannten Sensibilisator oder Allergie auslösenden Stoff. Als Gas in der Atemluft kann Formaldehyd bei sensibilisierten Personen bereits in relativ niedriger Konzentration Reizungen der Schleimhäute von Augen und Rachen, Kopfschmerzen, erhöhte Müdigkeit und andere unspezifische Symptome hervorrufen. Die Symptome treten häufig am Morgen in belasteten Schlafzimmern oder in Büros auf, bei denen die Belüftungsanlage über Nacht ausgeschaltet ist. Formaldehyd hat einen stechenden Geruch, den man zum Beispiel beim Öffnen von neuen Schränken aus Spanplatten wahrnehmen kann.

Grenzwerte und Empfehlungen

In Deutschland gilt für die Innenraumbelastung ein Richtwert von 0,1 ppm Formaldehyd. Dies entspricht einem Zehntel Milliliter Formaldehyd auf einen Kubikmeter Luft. Dieser Richtwert ist jedoch für Allergiker keine Garantie. Ob das Formaldehyd zum Problem und der Grenzwert überschritten wird, hängt vom Luftwechsel, von der Menge der in einem Raum verbauten Quellen und der Qualität der Produkte ab. Grundsätzlich dürfen nur Holzwerkstoffe in den Vertrieb gebracht werden, die der Emissionsklasse E1 (< = 0,1 ppm) entsprechen. Aus Gründen des vorbeugenden Gesundheitsschutzes sind jedoch Holzwerkstoffe zu empfehlen, die den E1-Wert um die Hälfte unterschreiten (0,05 ppm). Diese Holzwerkstoffplatten bzw. die

daraus hergestellten Produkte können das Umweltzeichen „Blauer Engel"
RAL-UZ 38 bzw. RAL-UZ 76 erhalten. Das GuT-Signet (Gemeinschaft
umweltfreundlicher Teppichböden) garantiert formaldehydfreie Teppich-
produkte.

Umsetzung

- Bei Holzwerkstoffplatten vorzugsweise Produkte mit dem Blauen Engel
  und bei Teppichbodenbelägen nur Produkte mit dem GuT-Signet
  verwenden.

- Bei Span- oder MDF-Platten der Emissionsklasse E1 nicht mehr als 1 m^2
  Oberfläche pro m^3 Rauminhalt verwenden.

- Auf säurehärtende Parkettversiegelungen verzichten.

Kosten

Holzwerkstoffe mit dem „Blauen Engel" oder Teppiche mit dem GuT-Signet
verursachen nur geringe Mehrkosten. Alternativen zu MDF- und
Spanplatten sind in der Regel etwas teurer.

Informationen

Umweltzeichen „Blauer Engel" RAL-UZ 38 Formaldehydarme Produkte
aus Holz/Holzwerkstoffen und RAL-UZ 76 Emissionsarme Holzwerkstoffplatten, Internet: www.blauer-engel.de, Vergabegrundlagen, Liste der
Zeichenanwender und Produkte
Stiftung Warentest, Internet: www.warentest.de, Individuelle Umweltanalysen z.B. Luft und Hausstaub; Liste von Prüfinstituten für Innenraumluft-Belastungen, Adressen und Messangebote über Faxabruf 01905/
100 10 85 71

Siehe auch

Bauproduktinformationen, Holzwerkstoffplatten, Innenraumluft, Lüftungskonzepte, Parkett, Teppiche

Gebäudestruktur
Einfache, klare Konzepte

Bedeutung

Einfache Gebäudestrukturen haben ökonomische und ökologische Vorteile. Solche Strukturen basieren auf unkomplizierten Grundrissen mit einer klaren Zonierung der Wohn- und Nassräume, eingefügt in eine simple Tragstruktur mit kurzen Spannweiten und geradliniger Lastableitung.

Umsetzung

Einfache Gebäudestrukturen sind in den so üblichen Projektplänen für Nichtbaufachleute nur sehr schwierig zu erkennen. Eine Hilfe dazu sind spezielle Grundrisspläne, in denen einerseits nur die Zonierungen und andererseits nur die tragenden Elemente eingezeichnet sind, gemäß den folgenden Beispielen.

Zonierung nach Nutzungen und Anforderungen
Gleichartig genutzte Räume sollten zusammengefasst werden. Laute Räume sind nicht neben ruhigen Räumen anzuordnen (Schlafräume nicht neben Treppenhäusern). Wohnzimmer und Arbeitsräume sind zentral oder Richtung Süden oder Westen zu orientieren. Schlafräume mit niedrigem Temperaturniveau zusammenfassen und gegen Osten (oder Westen) ausrichten. Nassräume sind zu konzentrieren. Alle diese Anordnungen gelten nicht nur horizontal im Grundriss, sondern auch vertikal im Schnitt.

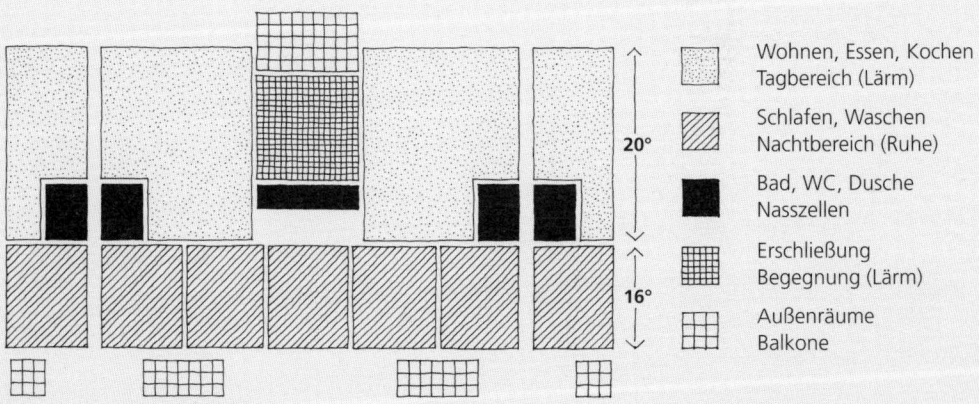

20°

16°

Wohnen, Essen, Kochen
Tagbereich (Lärm)

Schlafen, Waschen
Nachtbereich (Ruhe)

Bad, WC, Dusche
Nasszellen

Erschließung
Begegnung (Lärm)

Außenräume
Balkone

Einfache Tragstruktur

Eine einfache Tragstruktur zeichnet sich durch eine geradlinige Lastableitung mittels Stützen und Tragwänden aus. Die Tragstruktur ist von der Witterung zu schützen und liegt idealerweise innerhalb der Wärmedämmebene. Durch die Wärmedämmschicht von innen nach außen verlaufende Teile der Tragstruktur wie Betondecken sind kritisch und haben aufwändige Maßnahmen zur Folge hinsichtlich Wärmedämmung und Feuchtigkeitsabdichtungen. Balkone und Laubengänge sind mit einer eigenen, separaten Tragkonstruktion anzufügen.

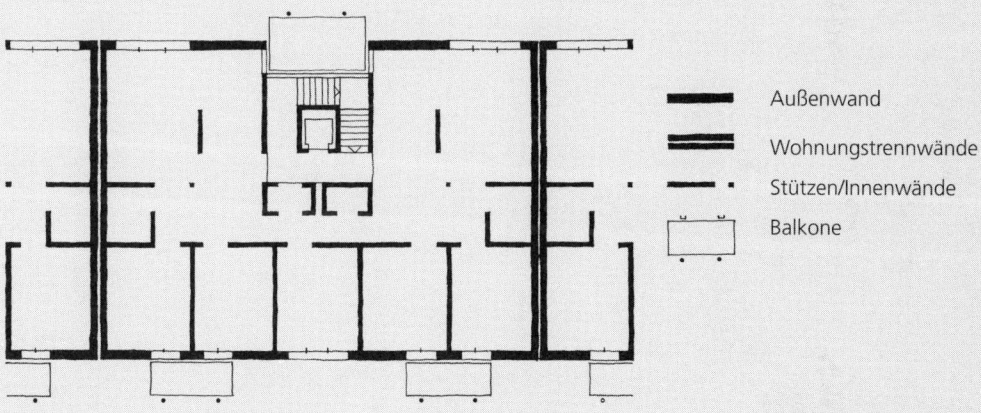

Außenwand

Wohnungstrennwände

Stützen/Innenwände

Balkone

Siehe auch　　　　Gebäudevolumen, Grundrissflexibilität, Möblierungsflexibilität, Wohnungsflexibilität

Gebäudevolumen

Einfach und kompakt ist ökologisch und ökonomisch

Bedeutung

Jedes Gebäude belastet die Umwelt mehr oder weniger stark. Bei Wohngebäuden kann die Belastung auf das Maß einer Wohneinheit bezogen werden. Je mehr Wohneinheiten in einem Gebäude zusammengefasst sind, desto geringer ist die Umweltbelastung.

Eine Zusammenfassung in kompakte und einfache Volumen bringt direkt bezifferbare ökologische und ökonomische Vorteile. Es sind keine aufwändigen und komplizierten Konstruktionen notwendig. Das Risiko der Schadensanfälligkeit wird wesentlich reduziert.

Umsetzung

Im Beispiel werden acht Wohneinheiten zu zwei eingeschossigen beziehungsweise zu einem zweigeschossigen Gebäude zusammengefasst:

Gebäudehülle
Abnahme der Fläche um **26%** beziehungsweise **65%** und somit geringere Erstellungs-, Heiz- und Unterhaltskosten

Graue Energie
Abnahme um **13%** beziehungsweise **39%** und somit eine Reduktion der Umweltbelastung während der Herstellung der Materialien sowie des Ressourcenaufwandes

Heizenergie
Abnahme um **11%** beziehungsweise **32%** und somit eine Reduktion der Umweltbelastung

Kosten
Abnahme um **13%** beziehungsweise **42%** und somit ein kostengünstiges Bauen

Landanteil
Abnahme um **30%** beziehungsweise **66%** und somit eine Schonung der Landressourcen

Die Möglichkeit, Wohneinheiten in einfache und kompakte Gebäudevolumen zusammenzufassen, ist bei jedem Projekt zu überprüfen. Studien
im Entwurfsprozess sollen darüber Auskunft geben, inwieweit dies Sinn
macht, und zwar aus formaler Sicht im Kontext des Ortes wie auch aus
Sicht der Bauherrschaft.

G

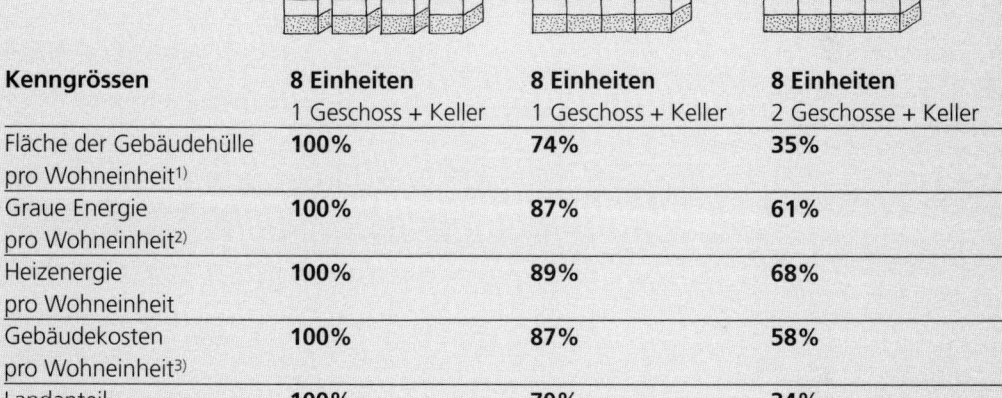

Kenngrössen	8 Einheiten	8 Einheiten	8 Einheiten
	1 Geschoss + Keller	1 Geschoss + Keller	2 Geschosse + Keller
Fläche der Gebäudehülle pro Wohneinheit[1]	100%	74%	35%
Graue Energie pro Wohneinheit[2]	100%	87%	61%
Heizenergie pro Wohneinheit	100%	89%	68%
Gebäudekosten pro Wohneinheit[3]	100%	87%	58%
Landanteil pro Wohneinheit	100%	70%	34%

[1] Gebäudehülle bestehend aus Fassaden- und Dachflächen
[2] Graue Energie: Herstellungsenergie für alle Materialien des gesamten Gebäudes,
inkl. Keller
[3] Ermittelt nach BKP 2 (Baukostenplan), reine Gebäudekosten

Siehe auch   Betriebskosten, Gebäudestruktur, Graue Energie, Mehrgeschossigkeit

Graue Energie
Eine neue ökologische Kenngröße

Bedeutung

Die Graue Energie ist der gesamte Energiebedarf, um einen bestimmten Baustoff wie beispielsweise Beton, ein Fenster oder eine Lüftungsanlage herzustellen. Normalerweise beginnt man bei der Berechnung mit dem Rohstoffabbau und bilanziert sämtliche Prozesse und Transporte bis zum verkaufsfertigen Produkt. Die Graue Energie ist ein Indikator für den Ressourcenaufwand und die wichtigsten damit verbundenen Umweltbelastungen während der Herstellung eines Produktes. Die Graue Energie lässt sich auch für ein Gebäude berechnen. Wenn man der Grauen Energie verschiedener Bauteile eine bestimmte Nutzungsdauer zuordnet, kann man zusammen mit der Heizenergie und dem elektrischen Strom eine Gesamtenergiebetrachtung vornehmen. Anhand dieser gesamtheitlichen Betrachtung lässt sich die Bedeutung der vielen Entscheide während des Planungsprozesses einordnen. Der Begriff „Graue Energie" kommt aus der Schweiz. In Deutschland gibt es derzeit keinen einheitlichen Begriff, der durchgängig verwendet wird (z. B. Primärenergieaufwand, KEA usw.).

Gesamtenergiebilanz für Erstellung und Betrieb eines dreigeschossigen Mehrfamilienhauses in Massivbauweise (520 MJ pro m² und Jahr)

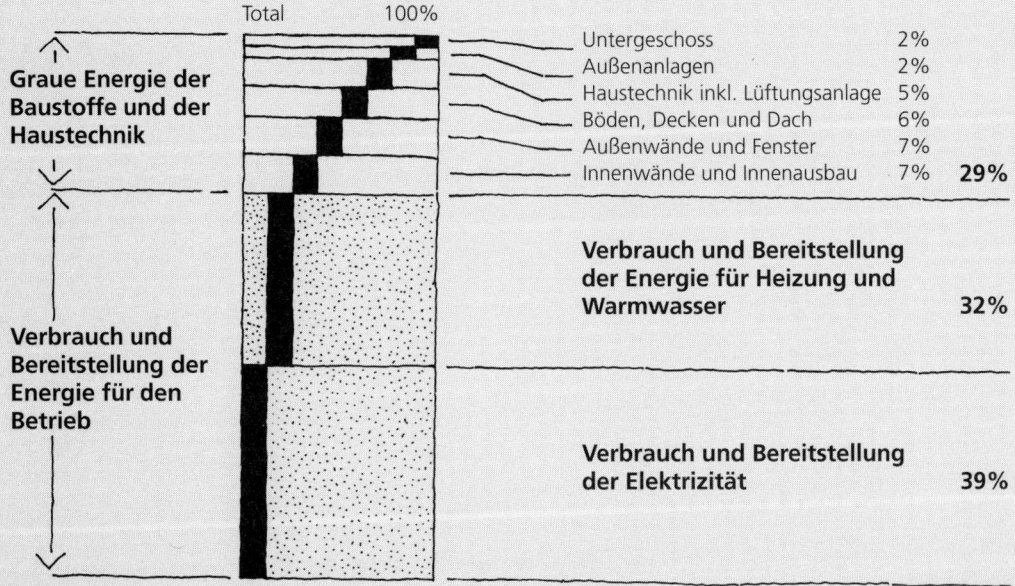

Total   100%

Graue Energie der Baustoffe und der Haustechnik

Untergeschoss	2%
Außenanlagen	2%
Haustechnik inkl. Lüftungsanlage	5%
Böden, Decken und Dach	6%
Außenwände und Fenster	7%
Innenwände und Innenausbau	7% **29%**

Verbrauch und Bereitstellung der Energie für den Betrieb

Verbrauch und Bereitstellung der Energie für Heizung und Warmwasser   **32%**

Verbrauch und Bereitstellung der Elektrizität   **39%**

Umsetzung

- Architekten haben in der Regel noch wenig oder keine Erfahrung mit der Grauen Energie als ökologischem Planungsinstrument.

- Der Einfluss auf die Minimierung der Grauen Energie ist in der frühen Entwurfs- und Planungsphase groß und im Rahmen der Gesamtenergie relevant.

- Durch kompakte, einfache und mehrgeschossige Gebäudeformen lässt sich sowohl die Graue Energie wie auch der Heizenergiebedarf minimieren.

- Dauerhaftigkeit, Langlebigkeit, Flexibilität und geringer Unterhalt wirken sich positiv auf die Graue Energie aus.

- Bei der Wärmedämmung darf keine Graue Energie gespart werden. Die Investitionen an Grauer Energie für dickere Dämmschichten sind durch die Senkung der Wärmeverluste innerhalb weniger Monate amortisiert.

Kosten

Eine Minimierung der Grauen Energie durch Optimierung der Gebäudeform, Geschossigkeit oder Flexibilität in der frühen Planungsphase wirkt sich immer kostensenkend aus.

Siehe auch

Bauproduktinformationen, Gebäudevolumen, Haushaltsgeräte, Mehrgeschossigkeit, Energieeinsparverordnung, Wärmedämmung, Wohnungsflexibilität

G

Grundrissflexibilität

Vorsorgen für sich ändernde Zeiten

Bedeutung

Flexible Wohnungsgrundrisse lassen sich je nach Bedürfnis durch gezieltes Öffnen und Schließen von Verbindungen verändern. Der Vorteil von flexiblen Grundrissen ist, dass

- die definitive Wohnungsgröße entsprechend der Marktsituation erst kurz vor Baubeginn festgelegt werden kann und
- spätere Veränderungen aufgrund neuer Marktsituationen kostengünstig machbar sind.

Umsetzung

Grundrissstudien gemäß den Varianten 1 bis 3 mit verschiedenen Wohnungsgrößen zeigen, wie hoch die Flexibilität tatsächlich sein kann. Der Flexibilität sind aber auch Grenzen gesetzt. Sie sollte – wenn möglich – nur so sein, dass spätere bauliche Veränderungen unter Beibehaltung der Bewohnbarkeit ausgeführt werden können. Eine Grundrissflexibilität ist frühzeitig zu fordern, sodass sich der Planungsprozess darauf ausrichten kann.

Grundstruktur

Die Grundstruktur besteht neben der Erschließungszone aus tragenden Außen- und Innenwänden sowie Öffnungen. Durch Einfügen von Türabschlüssen und kurzen Wänden können geschossunabhängig verschiedene Kombinationen von Wohnungsgrößen gewählt werden.

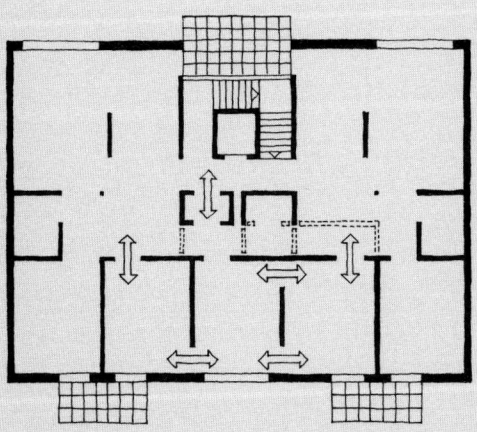

Die nebenstehende Abbildung einer Grundstruktur zeigt die Positionen, bei denen sich durch Einfügen von Türen und Wänden Verbindungen schließen lassen.

Kombinationsmöglichkeiten von verschiedenen Wohnungen in der gegebenen Grundstruktur

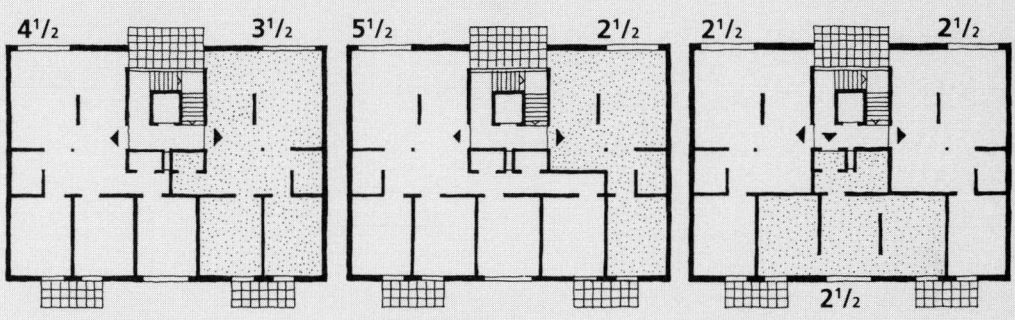

Variante 1
4½-+ 3½-Zimmer-Wohnung

Variante 2
5½-+ 2½-Zimmer-Wohnung

Variante 3
Drei 2½-Zimmer-Wohnungen

Kosten

Für **Variante 1** bestehend aus der Grundstruktur und den für **Variante 2** und **3** notwendigen Vorarbeiten ist mit Kosten von ca. DM 340.000,– (€ 173.839,24) zu rechnen.

Eine Veränderung
von **Variante 1** (100%)
zur **Variante 2** kostet ca. DM 10.000,– (€   5.113) (plus   3 %)
zur **Variante 3** kostet ca. DM 34.000,– (€ 17.384) (plus 10 %)

Siehe auch

Gebäudestruktur, Möblierungsflexibilität, Wohnungsflexibilität

Haushaltsgeräte

Geräte mit gekennzeichneten Labels A oder B wählen

Bedeutung

Im deutschen 2-3-Personen Haushalt werden ohne Heizung und Warmwasserbereitung pro Jahr durchschnittlich etwa 3.600 kWh Strom verbraucht; etwa 50 % entfallen auf den Gebrauch von Haushaltselektrogeräten. Bei der Neuanschaffung von Elektrogeräten ist von der Chance neuer Stromspartechnologien zu profitieren, um damit die Grundlast für zukünftige Stromrechnungen zu reduzieren. Bei Geschirrspüler und Waschmaschine ist zusätzlich auf einen sparsamen Wasserverbrauch zu achten.

Umsetzung

Kochherd/Backofen

Gasherde verbrauchen etwas mehr Energie als Elektroherde, der Ausnutzungsgrad der Energie ist dafür etwa dreimal so groß. Glaskeramik-Herdplatten sind zwar energiesparender als Gussplatten, weisen jedoch erfahrungsgemäß vor allem in Mietwohnungen eine geringere Lebensdauer auf.

Geschirrspüler

Moderne Geräte brauchen je nach Gebrauch eher weniger Energie und Wasser als der Handabwasch, jedoch deutlich mehr Chemie. Spar- oder spezielle Ökoprogramme erleichtern das Energie- und Wassersparen beim Gebrauch. Den meisten Strom benötigen Geschirrspüler zum Aufheizen des Wassers. Einen großen Teil dieser Energie kann man durch die Nutzung eines Warmwasseranschlusses sparen, wenn die Entfernung zwischen Geschirrspüler und Warmwasserbereiter nicht zu groß ist.

Kühlschrank

Der Energieverbrauch hängt stark von der Größe und der Leistung des Tiefkühlabteils ab. Wenn ein Tiefkühlgerät zur Verfügung steht, kann auf das Tiefkühlabteil im Kühlschrank verzichtet werden. Kühlschränke nie neben Heizung, Kochherd oder Geschirrspüler platzieren.

Tiefkühlgerät

Die Geräte benötigen bei Aufstellung im Keller weniger Energie als in der warmen Küche. Tiefkühltruhen sind energiesparender als Tiefkühlschränke. Gemeinschaftslösungen sind besser als Individuallösungen.

Waschmaschine

Es ist auf Spitzentechnologien mit Spar- und Ökoprogrammen, Reduktions-
tasten und Programmen für jedes Bedürfnis zu setzen. In Mietshäusern ist
ursachengerecht mit Kreditkartensystem abzurechnen. Wie Geschirrspüler
benötigen Waschmaschinen den meisten Strom zum Aufheizen des Wassers
(Warmwasseranschluss).

Wäschetrockner

Im Freien sind Trocknungsmöglichkeiten vorzusehen. Von Fachleuten geplante, gesteuerte und geregelte Ventilatoren im Trockenraum sind energiesparender als Trockner. Gut platzierte und richtig dimensionierte Luftent-
feuchter sind kaum besser als Trockner, dafür wäscheschonender. In Mietshäusern ist wie bei der Waschmaschine mit Kreditkartensystem ursachengerecht abzurechnen.

Niedriger Verbrauch

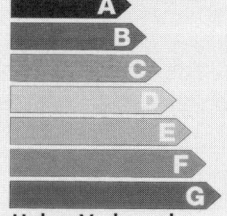

Hoher Verbrauch

Labels

Waschmaschinen, Wäschetrockner, Kühl- und Gefriergeräte sind mit
einem Label für die Energieklasse gekennzeichnet:
A: niedriger Verbrauch, bis G: hoher Verbrauch.
Bei Waschmaschinen wird zusätzlich noch die Waschwirkung
A: besser, bis G: schlechter, und die Schleuderwirkung
A: besser, bis G: schlechter, angegeben.

Kosten

Energiespargeräte sind beim Kauf zwar meist teurer, sparen aber oft im Lauf
der Jahre wesentlich mehr an Betriebskosten ein. Zum Teil wird die Anschaf-
fung energiesparender Haushaltsgeräte von den Energieversorgungsunter-
nehmen finanziell gefördert.

Informationen

Energie-Beratungsstellen der AGV Arbeitsgemeinschaft der Verbraucher-
verbände e.V., Internet: www.agv.de
Stromsparen im Haushalt, Informationsblatt Nr. 29, Hinweise zum Ener-
giesparen, Bayerisches Staatsministerium für Wirtschaft, Verkehr und Tech-
nologie, Internet: www.stmwvt.bayern.de
Energiesparen bei Heizung und Strom, Energiesparinformationen Nr. 5,
Hessisches Ministerium für Umwelt, Landwirtschaft und Forsten,
Internet: www.mulf.hessen.de

Siehe auch   Betriebskosten, Elektrosmog, Lebensdauer

Heizkörper
Neue Lage durch gut dämmende Fenster

Bedeutung

Es ist üblich, Heizkörper unter den Fenstern zu platzieren, um einem Kälte-gefühl gegenüber nicht gut wärmedämmenden Gläsern entgegenzuwirken. Die Leitungen werden in der Regel in den Fußbodenaufbau geführt, sind für eine Kontrolle nicht zugänglich und haben bei einem Ersatz aufwändige Sanierungsarbeiten zur Folge. Bei sehr gut dämmenden und nicht allzu gro-ßen Fenstern ist eine solche Plazierung nicht mehr notwendig. Heizkörper können nun auch an Innenwänden und damit näher bei den Installations-schächten angeordnet werden.

Umsetzung

Lage an der Innenwand

Dank gut wärmedämmender Fenster mit U-Wert kleiner als 0,8 W/m²K ist es ohne weiteres möglich, Heizkörper an einer Innenwand des Raumes zu platzieren. Es entsteht kaum mehr ein Kaltluftabfall, dem der Heizkörper entgegen zu wirken hätte. Die Glasoberflächentemperaturen sind sehr viel höher als früher und werden nicht mehr als unangenehm empfunden. Die Folge sind kürzere und besser kontrollierbare Leitungen, vor allem wenn sie zum Beispiel an der Decke über einer abnehmbaren Verkleidung geführt werden. Dies ermöglicht zusätzlich, die Bodenaufbauten in einer Trocken-bauweise auszuführen (kürzere Bauzeit). Nachteilig ist, dass je nach Lage des Heizkörpers die Möblierbarkeit des Raumes eingeschränkt wird. Die Platzierung der Heizkörper sollte deshalb im Türbereich sein.

Lage an der Außenwand unter dem Fenster (mit Ausnahme von Fenstertüren)

Der Vorteil ist, dass durch diese Lage des Heizkörpers die Möblierbarkeit eines Raumes in keiner Weise beeinträchtigt wird. Nachteilig sind sehr lange Leitungsführungen im Fußbodenaufbau. Die Leitungen sind nicht mehr kontrollierbar und können nur mit sehr großem Aufwand ersetzt werden.

Sinnvoll sind rasch reagierende Heizkörper. Ein Zimmer von 14 bis 16 m² benötigt bei guter Wärmedämmung noch je einen Typenheizkörper:

- Einen Radiator, Größe ca. 30 x 200 cm, Fläche 0,6 m²

- oder einen Flach- oder Plattenheizkörper, Größe ca. 40 x 180 cm, Fläche 0,7 m²

Die Regelfähigkeit von Flachheizkörpern ist dank kleinerem Wasserinhalt besser als diejenige von Radiatoren. Konvektoren als große Staubfänger und somit Raumluftverschmutzer sollten vermieden werden. Radiatoren und Flachheizkörper ergeben eine angenehme Strahlungswärme. Sie sind in der Regel kostengünstiger als eine Fußbodenheizung.

Kosten

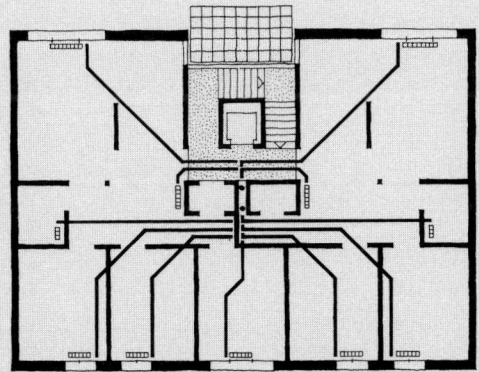

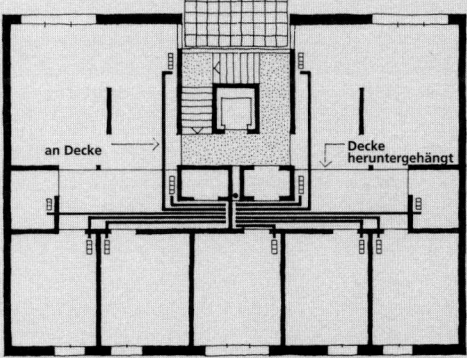

Heizkörper an den Außenwänden
Erstellungskosten pro Geschoss für Leitungsführung, dickeren Unterlagsboden, inkl. Heizkörper   ca. DM 7.400,–
(€ 3.784,–)

Heizkörper an den Innenwänden
Erstellungskosten für Leitungsführung und Mehrkosten für die abgehängte Decke, inkl. Heizkörper   ca. DM 6.300,–
(€ 3.221,–)

Siehe auch   Fenster, Möblierungsflexibilität

Holzheizung
Die nachwachsende Energie aus dem Wald

Bedeutung

Die Verbrennung von Holz und Holzabfällen ist die traditionelle energetische Nutzung von Biomasse und erfolgt ohne zusätzliche Emissionen des Treibhausgases CO_2. Holzenergienutzung verbessert die Wertschöpfung unserer Wälder und ermöglicht eine bessere Verwertung von Rest- und Altholz. Auf diese Weise werden andere Rohstoffe eingespart.

Umsetzung

Eine optimale Nutzung von Holz ergibt sich bei größeren, automatisch beschickten und gesteuerten Anlagen für Überbauungen, kommunale Bauten und Fernwärmenetze.

Eine Holzschnitzelheizung ist ähnlich wie eine Ölheizung aufgebaut und besteht aus Kessel, Silo, Schnitzelförderung und Kamin. Bei der Planung des Brennstofflagers, in der Regel ein Schnitzelsilo, sind Größe und Anfahrtsweg besonders zu beachten. Der Unterhalt einer Holzschnitzelheizung ist aufwändiger als bei einer konventionellen Öl- oder Gasheizung. Die Beschickung der Brennkammer braucht mehr Platz, eine intensivere Überwachung und Wartung.

Immer mehr an Bedeutung gewinnt auch der Einsatz von Holzpellets (zu Holzstäbchen gepresste Hobel- und Sägespäne).

Einsatzmöglichkeiten für Holzenergie-Systeme

	1	2	3	4	5	6
Einfamilienhaus	o	o	+	+	+	+
Dreifamilienhaus	+	+	+	+	–	+
Mehrfamilienhaus	+	–	–	–	o	+
Schulanlage	+	–	–	o	o	–
Öffentliche Bauten	+	–	–	o	o	–
Gewerbe/Industrie	+	+	–	o	o	o
Wärmeverbund	+	o	o	o	o	o

1 Hackschnitzelfeuerungen
2 Halbautomatischer Zentralheizungskessel
3 Manueller Zentralheizungskessel
4 Kachelöfen mit Warmwassereinsatz, Zentralheizungsherd
5 Zimmer-, Kleinkachel- und Holzspeicherofen, Holzkochherd
6 Feuerung mit Pellets

+ geeignet   – bedingt geeignet   o nicht geeignet

Kosten

Investitionskosten ohne Wärmeverteilung

	Kessel	Wärmespeicher
Hackschnitzelfeuerung (bis 25kW),	ca. DM 28.500,–	ca. DM 7.500,–
automatisch beschickt,	bis 31.000,–	(500 Liter)
mit Vorratsbehälter	(€ 14.572,– bis 15.850,–)	(€ 3.835,–)
Pellet-Feuerung (bis 10kW),	ca. DM 16.000,–	ca. DM 3.000,-
automatisch beschickt,	bis 18.500,–	(500 Liter)
mit Vorratsbehälter	(€ 8.181,– bis 9.459,–)	(€ 1.534,–)
Scheitholzkessel (bis 15kW),	ca. DM 12.500,–	ca. DM 4.500,–
manuell beschickt	bis 18.000,–	(750 Liter)
	(€ 6.391,– bis 9.203,–)	(€ 2.301,–)

Die automatische Beschickung erfolgt aus einem Vorratsbehälter , der
wöchentlich oder monatlich, je nach Heizenergiebedarf, manuell befüllt
werden muss.
Die genannte Hackschnitzelfeuerung eignet sich für ein 2–3-Familienhaus
oder einen kleineren Betrieb.
Die Wartungskosten (Schornsteinfeger, Ablagenkontrolle etc.) einer Holzheizung liegen pro Jahr bei durchschnittlich 2 bis 3 % der Investitionskosten.
Holzheizungen (Biomassefeuerungsanlagen) werden derzeit vom Bund im
Rahmen des Marktanreizprogramms zur Nutzung Erneuerbarer Energien
finanziell gefördert.

Informationen

Jetzt erneuerbare Energien nutzen, Ratgeber für Verbraucher, Anwendungsbeispiele, Förderprogramme und Adressen, Bundesministerium für
Wirtschaft und Technologie BMWi, Bestellfax: 0228/4223-462, Internet:
www.bmwi.de
EHB Energieholzboerse, Branchen- und Informations-Portal für den
regenerativen Energieträger Holz in Deutschland, Österreich und Schweiz,
Internet: www.energieholzboerse.de

Siehe auch

Betriebskosten, Finanzierungen

Holzschutzmittel
Gifte, die meist vermieden werden können

Bedeutung

Grundsätzlich sollte so gebaut werden, dass Holzschutzmittel nicht oder nur noch in Spezialfällen notwendig sind. Nur dann lassen sich die ökologischen Vorteile dieses Materials auch wirklich nutzen. Vergilben und Vergrauen der Witterung ausgesetzter Hölzer haben auf die Funktionstüchtigkeit keinen maßgeblichen Einfluss; sie zeigen die Alterung in einer faszinierenden Art. Holzschutzmittel sind bestimmungsgemäß Gifte, die das Holz vor holzschädigenden Fäulnispilzen oder Insekten vorbeugend schützen oder diese abtöten sollen (Bekämpfung in befallenen Holzbauteilen). Solche Produkte sind auch für Mensch und Umwelt giftig.
Vorbeugender chemischer Holzschutz ist nur dann für tragende Bauteile vorgeschrieben, wenn kein wirkungsvoller baulicher Holzschutz möglich ist. Baulicher Holzschutz hat immer Vorrang vor chemischem Holzschutz.

Umsetzung

Vorbeugende bauliche Maßnahmen zur Vermeidung eines chemischen Holzschutzes
- Einhaltung der Forderungen der DIN 68800 Teil 2 (Holzschutz – Vorbeugende bauliche Maßnahmen im Holzbau)
- Nachweis vom Architekten verlangen, dass diese Forderungen eingehalten sind (z. B. Verhinderung von unkontrolliertem Insektenbefall)
- Holz höherer Resistenzklasse verwenden bei besonders gefährdeten Bauteilen (z. B. Lärche bei Schwellen auf der Kellerdecke)

Maßnahmen, wenn chemischer Holzschutz unumgänglich ist
- Fachleute mit entsprechender Fachkenntnis einbeziehen
- Nur vom Deutschen Institut für Bautechnik zugelassene bzw. mit RAL Gütezeichen versehene Holzschutzmittel verwenden
- Wenn möglich Holzschutzmittel schon in der Werkstatt in geschlossenen Anlagen aufbringen lassen
- Wenn möglich Borsalz-Produkte verwenden
- Bei Sanierungen eventuell Heißluftverfahren anwenden anstelle einer chemischen Holzschutzbehandlung (keine Innenraumbelastung durch Gifte), ist allerdings nur in speziellen Fällen möglich

Druckimprägnierte Hölzer für den Außenbereich halten zwar länger, müssen aber wegen ihrer Giftigkeit in speziellen Verbrennungsanlagen entsorgt werden.

Kosten

Die vorbeugenden Maßnahmen zur Vermeidung eines chemischen Holzschutzes haben meist keine Mehrkosten zur Folge. Sie sind so oder so Bestandteil einer fachgerechten Konstruktion.

Gewisse Mehrkosten verursacht die Verwendung resistenter Hölzer (z. B. Lärche), die jedoch bei einer späteren Entsorgung wieder aufgewogen werden.

Eine Begehung und erste Schadensuntersuchung mit Behandlungsempfehlung für einen pilz- oder wurmbefallenen Dachstuhl eines Wohnhauses durch einen Holzschutzfachmann kostet ca. DM 500,– (€ 256,–).

Informationen

Holzschutz – Bauliche Empfehlungen (Informationsdienst Holz, Reihe 3, Teil 5, Folge 1) Arbeitsgemeinschaft Holz e.V., Internet: www.argeholz.de
Holzschutz – Tips und Informationen zum richtigen Umgang mit Holzschutzmitteln (Faltblatt), Umweltbundesamt,
Internet: www.umweltbundesamt.de

Siehe auch

Bauproduktinformationen, Innenraumluft

Holzsystembau

Schneller bauen durch Vorfertigung

Bedeutung

Holzsystembauten haben in den letzten Jahren einen Aufschwung erlebt. Hauptgründe dafür sind die Industrialisierung, liberalisierte Brandschutzvorschriften, aber auch der Wunsch nach Holz durch ökologisch sensibilisierte Leute. Holzbauten haben minimale Austrocknungszeiten und eine geringe Baufeuchtigkeit. Es kann so konstruiert werden, dass generell chemische Holzschutzmittel unnötig sind.

Holz ist grundsätzlich feuchtigkeitsempfindlich. Holzbauten sind deshalb vor Feuchtigkeit zu schützen, zum Beispiel durch Vordächer und Sockel.

Umsetzung

Brandschutzvorschriften

Die Brandschutzvorschriften erlauben heute eine viel breitere Verwendungsmöglichkeit als früher. Unter Berücksichtigung entsprechender Brandschutzkonzepte sind 2- bis 3-geschossige Mehrfamilienhäuser in Holz möglich. Im Einzelfall sind mit besonderen Maßnahmen (z. B. 2. baulicher Fluchtweg, Rauchmelder, Sprinkleranlage) 4-geschossige Wohnbauten aus Holz möglich.

Wärmedämmung/Luftdichtigkeit

Die heutigen Systeme erlauben U-Werte von 0,2 W/m^{2}K und besser. Erhöhten sommerlichen Temperaturen kann durch die außenseitige Sonnenschutzvorrichtungen und massive Bauteile innen entgegengewirkt werden. Durch umlaufende, lückenlose Luftdichtigkeitsschichten auf der Innenseite lässt sich eine genügend dichte Gebäudehülle erreichen. Sie kann mittels einer Luftdurchlässigkeitsmessung überprüft werden.

Schallschutz

Bei reinen Holzbauten lassen sich erhöhte Schallschutzanforderungen nur mit aufwändigen Konstruktionen erreichen. Im Mehrfamilienhausbau mit erhöhten Ansprüchen und bei Eigentumswohnungen sind Kombinationen zwischen Massiv- und Leichtbaukonstruktionen sinnvoll. Dabei wird die innere Tragstruktur in Beton/Ziegel/Kalksandstein ausgeführt, die Außenwandkonstruktion in vorgefertigten Holzbauelementen.

Kontrolle/Unterhalt

Durch Pflege und Unterhalt, vor allem der wetterexponierten Partien, ist eine langfristige Werterhaltung gegeben. Der Holzbauunternehmer hat die Maßnahmen aufzulisten. Bereits einfache Maßnahmen wie das Beseitigen von Schnee auf Holzfenstersimsen sind zweckmäßig.

Planung/Montage

Um all die verschiedenen Forderungen moderner Holzbauten sinnvoll zusammenzufassen, ist ein vernetztes Planen frühzeitig im Bauprozess unabdingbar. Wie bei jeder Vorfertigung ist der Planungsaufwand hoch; Änderungen im Nachhinein sind mit großem Aufwand verbunden. Hingegen entfallen kostspielige Improvisationen am Bau; die Montagezeiten sind kurz und betragen vielfach nur einige Tage.

Kosten

Die Erstellungskosten von Holzbauten sind vergleichbar mit denjenigen von Massivbauten jedoch nur dann, wenn kürzere Bau- und Austrocknungszeiten in die Rechnung einbezogen werden. Verteuernd wirken sich zusätzliche Schichten wie für Installationsebenen oder erhöhte Schallschutzmaßnahmen aus.

Informationen

Arbeitsgemeinschaft Holz e.V., Internet: www.argeholz.de, E-Mail: argeholz@argeholz.de
Vereinigung ZimmerMeisterHaus, Internet: www.zmh.com, E-Mail: webmaster@zimmerer-bayern.com

Siehe auch

Fassade, Feuchtigkeit, Holzwerkstoffplatten, Innenlärm, Wärmedämmung

Holzwerkstoffplatten

Auf die richtige Wahl kommt es an

Bedeutung

Holzwerkstoffe haben bauökologisch eine besondere Bedeutung. Sie bestehen vorwiegend aus nachwachsendem Holz, das in Deutschland sowie in Mittel- und Nordeuropa aus nachhaltiger Waldwirtschaft stammt. Das bedeutet, dass nicht mehr geerntet wird, als immer wieder nachwächst. Nur bei Sperrhölzern und furnierten Holzwerkstoffen sowie bei Spezialanwendungen werden manchmal Harthölzer aus dem Kahlschlag von Wäldern in den Tropen, Westkanada oder Sibirien verwendet. Für Holz aus nachhaltiger Waldwirtschaft gibt es ein Gütezeichen (FSC-Label), das in der Praxis jedoch noch nicht sehr verbreitet ist. Die Herstellung von Hölzern erfordert zudem verhältnismässig wenig Energie, und die Verarbeitungsabfälle in der Holzwirtschaft werden optimal verwertet.

Als Bindemittel von normalen Span- und MDF-Platten werden Kunstharze verwendet, die Restgehalte an Formaldehyd enthalten. Damit diese Produkte nicht zu Gesundheitsbeeinträchtigungen führen, sind gewisse Planungsmaßnahmen einzuhalten.

Umsetzung

• Der Architekt hat darauf zu achten, dass er vorzugsweise Span- und MDF-Platten mit dem Umweltzeichen „Blauer Engel" RAL-UZ 76 verwendet bzw. bei Platten der Emissionsklasse E1 nicht mehr als 1 m^2 Oberfläche pro m^3 Rauminhalt eingebaut wird.

• Bei größeren Mengen an Holzwerkstoffen in einem Raum sind Alternativen zu prüfen (vgl. Tabelle).

• Vor allem bei Sperrholz und furnierten Hölzern sollte man sich vergewissern, dass sie aus nachhaltiger Waldwirtschaft stammen.

• Intakte Anstriche und Beschichtungen können den Austritt von Formaldehyd erheblich verlangsamen.

Kosten

Generelle Aussagen sind praktisch nicht möglich. Die Kosten sind von vielen Faktoren wie Anwendung, erforderlicher Plattendicke, Verarbeitungsaufwand, Beschichtungen und Oberflächenbehandlung abhängig. Sie müssen von Fall zu Fall abgeklärt werden.

Holzwerkstoff	Bindemittel	Anwendung hinsichtlich Raumluftbelastung, Bemerkungen
Holzfaserplatten weich	Kein Bindemittel, wird durch holzeigene Harze gebunden	Ohne Einschränkung anwendbar
MDF-Platten, Holzfaserplatten hart	Bindemittel, die Formaldehyd enthalten können	Platten mit Umweltzeichen RAL-UZ 76 verlangen oder bei Emissionsklasse E1 weniger als 1 m² Oberfläche pro m³ Rauminhalt verwenden
Massivholzplatten einschichtig	Enthalten sehr wenig Bindemittel	Ohne Einschränkung anwendbar
Massivholzplatten dreischichtig	Enthalten viel weniger Bindemittel als Spanplatten	Ohne Einschränkung anwendbar
Wasserfeste Sperrholz- oder Tischlerplatten	Bindemittel, die praktisch kein Formaldehyd enthalten	Ohne Einschränkung anwendbar. Vorteil: Quellen weniger bei Feuchtebelastung
Wasserfeste Spanplatten V 100	Bindemittel, die praktisch kein Formaldehyd enthalten	Ohne Einschränkung anwendbar. Vorteil: Quellen weniger bei Feuchtebelastung
Normale Spanplatten V 20	Bindemittel, die Formaldehyd enthalten können	Platten mit Umweltzeichen RAL-UZ 76 verlangen oder bei Emissionsklasse E1 weniger als 1 m² Oberfläche pro m³ Rauminhalt verwenden

Informationen **Arbeitsgemeinschaft Holz e.V.**, Internet: www.argeholz.de, E-Mail: argeholz@argeholz.de

Literatur **Umweltzeichen „Blauer Engel"** RAL-UZ 76 Emissionsarme Holzwerkstoffplatten, Internet: www.blauer-engel.de, Vergabegrundlagen, Liste der Zeichenanwender und Produkte

FSC Arbeitsgruppe Deutschland e.V., Internet: www.fsc-deutschland.de, Informationen zum FSC-Label, Liste registrierter Anbieter von FSC-zertifizierten Produkten in Deutschland

Siehe auch Bauproduktinformationen, Formaldehyd, Innenraumluft

Innenlärm

Vermeidbar durch frühzeitige Planung

Bedeutung

Menschen sollen nicht nur vor Außenlärm, sondern auch vor schädlichem und lästigem Innenlärm geschützt werden.

In DIN 4109 sind Anforderungen an den Schallschutz, z. B. zwischen fremden Wohnungen (sog. „normaler Schallschutz"), festgelegt. Dieser Mindestschallschutz ist allgemein verbindlich und darf nicht unterschritten werden. Der erhöhte Schallschutz oder Schallschutz innerhalb der eigenen Wohnung (z. B. Einfamilienhaus) ist zwischen Bauherrschaft und ArchitektIn speziell zu vereinbaren. Der Schallschutz ist mit dem Schallschutznachweis zu belegen. Dieser Nachweis ist Bestandteil des Bauantrags.

Umsetzung

Der Schutz im Gebäudeinnern kann erreicht werden durch

a) eine sinnvolle Anordnung der Räume (Vorplanung) und/oder
b) Maßnahmen bei den einzelnen Bauteilen (Ausführungsplanung).

Für einen funktionierenden Schallschutz sind Maßnahmen nach a) wie nach b) notwendig, wobei Vorkehrungen nach a) die Basis für sinnvolle Lösungen bilden.

Nur Maßnahmen nach b) sind aufwändiger und teurer sowie mit einem größeren Risiko behaftet. Die Schallschutzwünsche sind durch die Bauherrschaft gegenüber dem Architekten möglichst früh zu formulieren, sodass sie bereits im Planungsprozess einfließen können.

Zusätzlich ist zu beachten

• Lärm (störender Schall) wird sehr subjektiv empfunden. Geräusche eines gut befreundeten Nachbarn sind nicht störend; sie können sogar angenehm sein. Gegenteilig ist es mit einer verkrachten Nachbarschaft.

• Für das Wohlbefinden sind die zwischenmenschlichen Beziehungen innerhalb eines Wohngebäudes mindestens so wichtig wie hohe Schallschutz-Messwerte.

- In einer ruhigen Umgebung können Geräusche subjektiv selbst dann als störend empfunden werden, auch wenn die objektiv messbaren Schallschutzwerte erfüllt sind.

- Wohneinheiten sind durch Pufferzonen (Treppenhaus), lärmunempfindliche Räume (Küche/Bad/WC) oder Zonen gleicher Empfindlichkeit (Schlaf- zu Schlafzimmer) von einander zu trennen. Dies gilt für die horizontale wie vertikale Lärmeinwirkung.

- Bei Massivbauten lässt sich ein erhöhter Schallschutz mit wesentlich einfacheren Konstruktionen erreichen als bei Leichtbauten aus Holz.

- Bei der Umnutzung von Altbaumiet- zu Eigentumswohnungen lassen sich die erhöhten Anforderungen kaum oder nur mit großen Aufwändungen erreichen.

- Ein nachträglicher Einbau von Schallschutzfenstern führt zu einer größeren Hellhörigkeit im Gebäudeinnern.

Kosten   Ein erhöhter Schallschutz ist mit Mehrkosten verbunden. Eine allgemeingültige Bezifferung der Mehrkosten ist nicht möglich. ArchitektInnen sind in der Lage, sie fallspezifisch zu ermitteln.

Informationen   **Was Sie schon immer über Lärmschutz wissen wollten** (Taschenbuch), Umweltbundesamt, Internet: www.umweltbundesamt.de

Siehe auch   Außenlärm, Gebäudestruktur, Holzsystembau, Zu- und Abluftanlagen

Innenraumluft
Mineralisch ist sicherer

Bedeutung

Schadstoffe aus neuen Baumaterialien, der Mensch und seine Aktivitäten selbst und ein sehr niedriger Luftwechsel als Folge dichter Fenster können zu hohen Schadstoffkonzentrationen in Innenräumen führen. Dies ist gravierend, vor allem wenn man bedenkt, dass die Menschen etwa 90 % ihrer Zeit im Gebäudeinnern verbringen.

Wie wichtig die Vermeidung von Schadstoffen in Innenräumen ist, können viele Betroffene, insbesondere unter Allergien leidende Personen, ermessen. Gesundheitliche Probleme infolge zu stark belasteter Innenraumluft ist eine schwere Behinderung im Alltagsleben. Zwar sind solche Fälle die Ausnahme, aber für diejenigen, die direkt betroffen sind, umso folgenschwerer.

Umsetzung

Von den menschlichen Aktivitäten ist der Tabakrauch die gravierendste Einzelquelle für die Verunreinigung der Raumluft. Ein Verzicht auf das Rauchen ist deshalb eine äußerst effiziente Maßnahme.

Ob und in welchem Maße Baumaterialien Schadstoffe abgeben, hängt sowohl von der Art und Zusammensetzung als auch von der Anwendung auf der Baustelle ab (Chemikalien). Das Ausmaß der Schadstoffabgabe (Emission) sowie der zeitliche Verlauf können sehr unterschiedlich sein. Hohe Anfangsemissionen mit raschem Abklingen können ebenso bedenklich sein wie kleine Anfangsemissionen, die lange andauern oder sogar zunehmen.

Mengen und Oberflächen von Baustoffen mit vorhandenem oder sogar erhöhtem Risiko der Schadstoffabgabe sollten auf ein Minimum reduziert werden. Bezüglich der Formaldehydabgabe bei Spanplatten ist bekannt, dass die Oberfläche dieses Baustoffes auf 1 m² pro m³ Rauminhalt zu begrenzen bzw. die Verwendung von Platten mit dem Umweltzeichen „Blauer Engel" RAZ-UZ 76 vorzuziehen ist.

Die Schadstoffabgabe von Baumaterialien ist noch wenig untersucht. Aufgrund dieser lückenhaften Erkenntnisse lassen sich die Innenausbaustoffe in die folgenden Risikogruppen einteilen:

Praktisch kein Risiko einer Schadstoffabgabe	Risiko einer Schadstoffabgabe vorhanden	Erhöhtes Risiko einer Schadstoffabgabe
Beton, Ziegel, Kalksandstein, Betonstein mineralische Putze	Teppiche, praktisch alle organischen Bodenbeläge aus PVC, Kautschuk, Linoleum	Parkettversiegelungen, Parkettöle
Kalkfarben, Silikat- und Organosilikatfarben	Dispersionskleber, Fugendichtungs-materialien	Lösemittelhaltige Tiefgrundierungen
Naturharz- und Kunstharzdispersions-farben ohne Lösemittel, Leimfarben	Spanplatten, MDF-Platten und andere Holzwerkstoffplatten	2-Komponenten-Farben und -Lacke
Holzlasuren auf Wasserbasis	Lackierte Holzoberflächen	Montagekleber, Kontaktkleber und andere lösemittel-haltige Klebstoffe
	Gussasphalt	Ölfarben Naturharzlacke

Kosten

Die Maßnahmen erfordern eine sorgfältige Materialwahl und eine auf-merksame Kontrolle auf der Baustelle. Besondere Mehrinvestitionen sind nicht erforderlich. Damit lassen sich hohe Folgekosten, ausgelöst durch aufwändige Sanierungen, vermeiden.

Informationen

Prüfinstitute für Innenraumluft-Belastungen, Adressen und Messangebote, Faxabruf Stiftung Warentest (Umwelt und Gesundheit): 01905/100 10 85 71
Individuelle Umweltanalysen der Stiftung Warentest, z. B. Luft und Hausstaub, Radon in Wohnräumen, Schimmel im Haus, Internet: www.warentest.de

Siehe auch

Bauproduktinformationen, Böden aus Stein- und Tonplatten, Elastische Bodenbeläge, Elektrosmog, Fenster, Formaldehyd, Holzschutzmittel, Holz-werkstoffplatten, Lüftungskonzepte, Malerarbeiten innen, Naturfarben, Parkett, Radon, Teppiche

Lebensdauer

Je höher die Lebensdauer, desto geringer die Umweltbelastung

Bedeutung

Die Lebensdauer eines Bauteils oder einer Bauteilschicht hat einen wesentlichen Einfluss auf die Werterhaltung und Funktionstüchtigkeit eines Gebäudes. Eine kurze Lebensdauer ist fast immer mit höheren Unterhalts- und Sanierungskosten verbunden. Über die Dauer von mehreren Jahrzehnten betrachtet, können diese Kosten bald einmal die ursprünglichen Herstellungskosten des gesamten Gebäudes übersteigen. Was eine kurze Lebensdauer für Konsequenzen hat, lässt sich am Beispiel eines Fensterersatzes wie folgt darstellen:

- Fenster herausbrechen und entsorgen,
- neues Fenster produzieren und wieder montieren,
- Anpassungsarbeiten außen und innen bei Verputz und Anstrich vornehmen.

Durch all diese Arbeiten wird die Umwelt belastet; die Arbeiten kosten Geld und beeinträchtigen den Bewohner.

Umsetzung

Grundinvestition

Die Erstellung eines Bauteils oder einer Bauteilschicht hat eine Grundinvestition zur Folge. Während der Lebensdauer nehmen Wert und Funktionstüchtigkeit ab, und zwar bis zum Betrag null. Für ein stark wetterexponiertes und nicht geschütztes Holzfenster kann dies bereits nach etwa 10 bis 15 Jahren der Fall sein.

Mehrinvestition

In den meisten Fällen lässt sich die Lebensdauer eines Bauteiles oder einer Bauteilschicht durch eine Mehrinvestition verlängern. Eine solche Verlängerung hat eine weniger rasche Abnahme von Wert und Funktionstüchtigkeit zur Folge. Wird ein Holzfenster vor der Witterung geschützt, etwa durch ein Vordach oder durch ein Rückversetzen in der Leibung, kann sich die Lebensdauer ohne weiteres verdoppeln. Solche Mehrinvestitionen sind häufig nicht sehr hoch.

Betriebsaufwand für Unterhalt und Pflege

Eine nochmalige Verlängerung der Lebensdauer lässt sich durch einen regelmäßigen Unterhalt bzw. eine regelmässige Pflege erreichen. Die Aufwändungen dafür sind minimal und betragen nur einen Bruchteil der Grundinvestition. Sie können sehr effizient sein. So lässt sich beim Beispiel Holzfenster durch Maßnahmen wie Richten der Beschläge, örtliches Ausbessern des Anstriches usw. die Lebensdauer nochmals um Jahre verlängern.

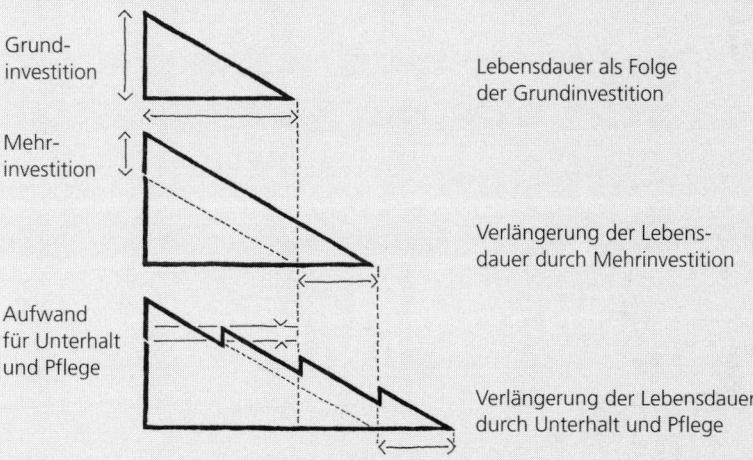

Grundinvestition — Lebensdauer als Folge der Grundinvestition

Mehrinvestition — Verlängerung der Lebensdauer durch Mehrinvestition

Aufwand für Unterhalt und Pflege — Verlängerung der Lebensdauer durch Unterhalt und Pflege

Kosten

ArchitektInnen und UnternehmerInnen sind in der Lage, die Kosten von Mehrinvestitionen und Unterhaltsmaßnahmen zu ermitteln und deren Auswirkungen auf die Lebensdauer von Bauteilen und Bauteilschichten anzugeben. Maßnahmen für Unterhalt und Pflege werden sinnvollerweise in einem so genannten Unterhaltsplan zusammengefasst.

Siehe auch

Fassade, Fenster, Heizkörper, Malerarbeiten innen, Naturfarben, Parkett, Teppiche

Lüftungskonzepte
Eine sorgfältige Beurteilung lohnt sich

Bedeutung

Jedes Gebäude braucht ein geeignetes Lüftungskonzept, das einen genügenden und auf die BenutzerInnen angepassten Luftwechsel zu gewährleisten vermag. Der Luftwechsel dient dazu, Feuchtigkeiten und Schadstoffe abzuführen. Die Zuführung von Sauerstoff ist von untergeordneter Bedeutung, relevant hingegen ist die Frischluftzufuhr.

Umsetzung

Lüftungskonzepte
Die Bestimmung des Lüftungskonzeptes ist nicht nur Sache des Architekten. Sie hat zusammen mit BestellerInnen/BauherrInnen unter Beizug des Haustechnikplaners zu erfolgen. Jedes Konzept hat seine spezifischen Vor- und Nachteile, mit denen BestellerInnen/BauherrInnen ständig konfrontiert werden.

Es wird unterschieden zwischen
- Traditioneller Fensterlüftung
- Abluftanlagen
- Zu- und Abluftanlagen mit Wärmerückgewinnung.

Fensterlüftung
Die reine Fensterlüftung bedingt eine sehr hohe Lüftungsdisziplin. Für eine gute Raumluft kann in einem 4-Personen-Haushalt ein 4- bis 6-maliges Stoßlüften pro Tag notwendig sein. An stark befahrenen Straßen ist ein derartiges Lüften fast nicht mehr möglich.

Abluftanlage
Abluftanlagen vermögen Feuchtigkeit effizient an ihrer Quelle wie Küche/ Bad abzuführen. Ohne Zuluftöffnungen in den Fassaden funktionieren sie nicht. Solche Öffnungen können zu Zugserscheinungen und Auskühleffekten führen.

Zu- und Abluftanlage
Zu- und Abluftanlagen bieten die beste Gewähr für einen genügenden Luftwechsel und somit für ein gutes Raumklima. Zudem kann Wärme rückgewonnen werden. Allerdings bedingen solche Anlagen zusätzliche Installationen und Kanäle, die unterhalten werden müssen. Erste positive Erfahrungen liegen vor.

Beurteilungskriterien	Fensterlüftung	Abluftanlage mit Zuluftöffnung	Zu-/Abluftanlage mit Wärmerückgewinnung
Bedarfsgerechter Luftaustausch, hohe Raumluftqualität	+/−	+	+
Effiziente Quellentlüftung	+/−	+	+
Schutz vor Außenlärm	−	+/−	+
Energiebilanz Wärmerückgewinnung versus Stromverbrauch	−	+/−	+
Geringer Unterhaltsbedarf	+	+/−	−
Benutzerakzeptanz	+/−	+	+/−
Installationskosten pro Einfamilienhaus	keine	ca. DM 4.000,– bis DM 5.000,– (€ 2.045,– bis € 2.557,–)	ca. DM 10.000,– bis DM 15.000,– (€ 5.113,– bis € 7.669,–)

+   gut, kein Problem
+/−   mittelmäßig oder unter bestimmten Voraussetzungen gut
−   ungünstig/nicht möglich

Informationen   **Lüftung im Wohngebäude**, Energiesparinformationen Nr. 8,
Kontrollierte Wohnungslüftung, Energiesparinformationen Nr. 9,
Hessisches Ministerium für Umwelt, Landwirtschaft und Forsten,
Internet: www.mulf.hessen.de

Siehe auch   Fenster, Feuchtigkeit, Innenraumluft, Zu- und Abluftanlagen

Malerarbeiten innen
Umweltgerechte und schadstoffarme Farbsysteme

Bedeutung

Ökologisch optimale Farben bieten Gewähr, dass sie wenig Schadstoffe und andere geruchsbelästigende Stoffe abgeben sowie während Herstellung und Verarbeitung möglichst wenig umweltbelastend sind. Die absolut umweltfreundliche Farbe, die alle diese Anforderungen erfüllt, gibt es nicht. Jedes Farbsystem hat mehr oder weniger große Vor- und Nachteile. Die große Produktevielfalt erschwert zudem die Wahl qualitativ und ökologisch einwandfreier Farben.

Nicht in jedem Falle ist es notwendig, Materialien mit einem Farbanstrich zu versehen. Naturbelassene Mauersteine, Betonwände, Holz- oder Metallbauteile sind ökologischer und oft auch unterhaltsfreundlicher als viele deckende Farbanstriche. Dies gilt jedoch nur für Situationen, wo das Material durch den Anstrich nicht geschützt werden muss, zum Beispiel vor Feuchtigkeitsaufnahme, UV-Strahlen und mechanischer Beanspruchung.

Umsetzung

Eine umweltgerechte Malerarbeit lässt sich durch folgende Maßnahmen erreichen:

Lösemittelfreie Farben
Für praktisch alle Anwendungen im Hochbau gibt es lösemittelfreie (Wanddispersionen) oder lösemittelarme Anstriche auf Wasserbasis (Dispersionslacke). Diese Farbsysteme tragen zu einer signifikanten und notwendigen Reduktion der Luftbelastung bei.

Einfache Farben, wenig beanspruchte Oberflächen
Im Keller, in Garagen und an Decken können ohne weiteres Kalk- oder Leimfarben gestrichen werden. Die Abrieb- und Wischfestigkeit ist bei diesen Bauteilen nicht nötig. Dafür sind sie diffusionsoffen und gehören zu den umweltfreundlichsten Farben, die sich auch einfach erneuern lassen.

Naturharzdispersionen

Auf praktisch allen Wandbelägen im Innenbereich können Naturharzdispersionen verwendet werden. Sie sind lösemittelfrei, aus erneuerbaren Rohstoffen umweltschonend hergestellt und qualitativ ebenso gut wie Kunstharzdispersionen.

Holzoberflächen

Auf Türen, Türzargen, Fensterrahmen und anderen stark beanspruchten Holzoberflächen sind Kunstharzdispersionslacke zu verwenden. Für weniger stark beanspruchte Holzoberflächen sind wässerige Lasuren umweltgerecht.

Entsorgung auf der Baustelle

Zu den umweltgerechten Malerarbeiten gehört auch die Durchsetzung der Vorschriften betreffend Anwendung und Entsorgung auf der Baustelle. Alle Farben sind Sonderabfall. Geräte und Zubehör müssen durch den Unternehmer auf der Baustelle entsprechend behandelt, im geschlossenen System gereinigt und entsorgt werden.

Kosten

Die hier erwähnten Maßnahmen haben keine Mehrkosten zur Folge. Geringe Mehrinvestitionen in qualitativ hochwertige Produkte und Malerarbeiten lohnen sich immer, wenn dadurch die Unterhaltskosten gesenkt werden können.

Informationen

Umweltzeichen „Blauer Engel" RAL-UZ 12a Schadstoffarme Lacke, Internet: www.blauer-engel.de, Vergabegrundlagen, Liste der Zeichenanwender und Produkte
Alles „Öko" oder was? Wie umweltfreundlich sind „Schadstoffarme Lacke"? und
Farben und Lacke, Tips und Informationen zum Umgang mit Anstrichstoffen (Faltblätter), Umweltbundesamt, Internet: www.umweltbundesamt.de

Siehe auch

Bauproduktinformationen, Innenraumluft, Lebensdauer, Naturfarben

Mehrgeschossigkeit
Günstiger und umweltverträglicher

Bedeutung

Jedes Gebäude belastet die Umwelt mehr oder weniger stark. Bei Wohngebäuden kann die Belastung auf das Maß einer Wohneinheit bezogen werden. Je mehr Wohneinheiten in einem Gebäude zusammengefasst sind, desto geringer ist die Umweltbelastung.

Die einfachste Art, mehr Wohneinheiten in einem Gebäude zu integrieren, ergibt sich durch die Erhöhung der Geschossigkeit, sofern dies rechtlich überhaupt möglich ist.

Umsetzung

Im Beispiel wird ein eingeschossiges und unterkellertes Gebäude mit vier Wohneinheiten um ein beziehungsweise zwei Geschosse erhöht. Dies wirkt sich auf jede einzelne Wohneinheit wie folgt aus:

Gebäudehülle
Abnahme der Fläche um **36%** beziehungsweise **48%** und somit geringere Erstellungs-, Heiz- und Unterhaltskosten

Graue Energie
Abnahme um **35%** beziehungsweise **55%** und somit eine Reduktion der Umweltbelastung während der Herstellung der Materialien sowie des Ressourcenaufwandes

Heizenergie
Abnahme um **23%** beziehungsweise **30%** und somit eine Reduktion der Umweltbelastung

Kosten
Abnahme um **26%** beziehungsweise **39%** und somit ein kostengünstiges Bauen

Die Möglichkeit der Erhöhung der Wohneinheiten wie zum Beispiel durch mehrere Geschosse sollte, sofern baurechtlich überhaupt möglich, bei jedem Projekt überprüft werden. Studien im Entwurfsprozess sollen darüber Auskunft geben, ob dies auch Sinn macht, und zwar aus formaler Sicht im Kontext des Ortes wie aus der Sicht der Bauherrschaft mit ihren eigenen Vorstellungen von dem geplanten Gebäude.

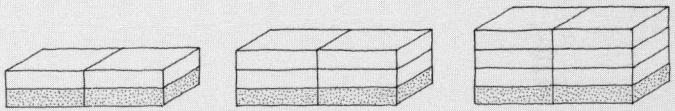

Kenngrößen	4 Einheiten	8 Einheiten	12 Einheiten
	1 Geschoss + Keller	2 Geschosse + Keller	3 Geschosse + Keller
Fläche der Gebäudehülle pro Wohneinheit[1]	100%	64%	52%
Graue Energie pro Wohneinheit[2]	100%	65%	45%
Heizenergie pro Wohneinheit	100%	77%	70%
Gebäudekosten pro Wohneinheit[3]	100%	74%	61%

[1] Gebäudehülle bestehend aus Fassaden- und Dachflächen
[2] Graue Energie: Herstellungsenergie für alle Materialien des gesamten Gebäudes, inkl. Keller
[3] Ermittelt nach BKP 2 (Baukostenplan), reine Gebäudekosten

Siehe auch   Gebäudevolumen, Graue Energie

Möblierungsflexibilität
Mehr Möglichkeiten durch einfache Zimmergrundrisse

Bedeutung

Sich verändernde Lebensumstände innerhalb einer Familie können in nutzungsneutralen Räumen einfacher verwirklicht werden. Änderungen ergeben sich durch Umstände wie eine Geburt, den Wegzug eines Kindes, den Zuzug von Großeltern oder Verwandten oder sich ändernde Arbeits- oder Lebensgewohnheiten der Eltern und Kinder.

Richtig geplante Flexibilität ist mittel- bis längerfristig ökologisch und ökonomisch, da für Veränderungen keine teuren Umbauten notwendig sind. Die Möblierungsflexibilität ist jedoch nur ein Aspekt der Wohnungs- und Grundrissflexibilität.

Umsetzung

Ein gut proportioniertes und geschickt erschlossenes Zimmer von mindestens 14 bis 16 m² kann auf ganz verschiedene Art genutzt werden. Bedingung ist eine richtige Anordnung der Türen, Fenster und Heizkörper. Möblierungsvarianten zeigen, wie nutzungsneutral die geplanten Räume sind.

Elternzimmer   Kinderzimmer   Esszimmer   Arbeitszimmer

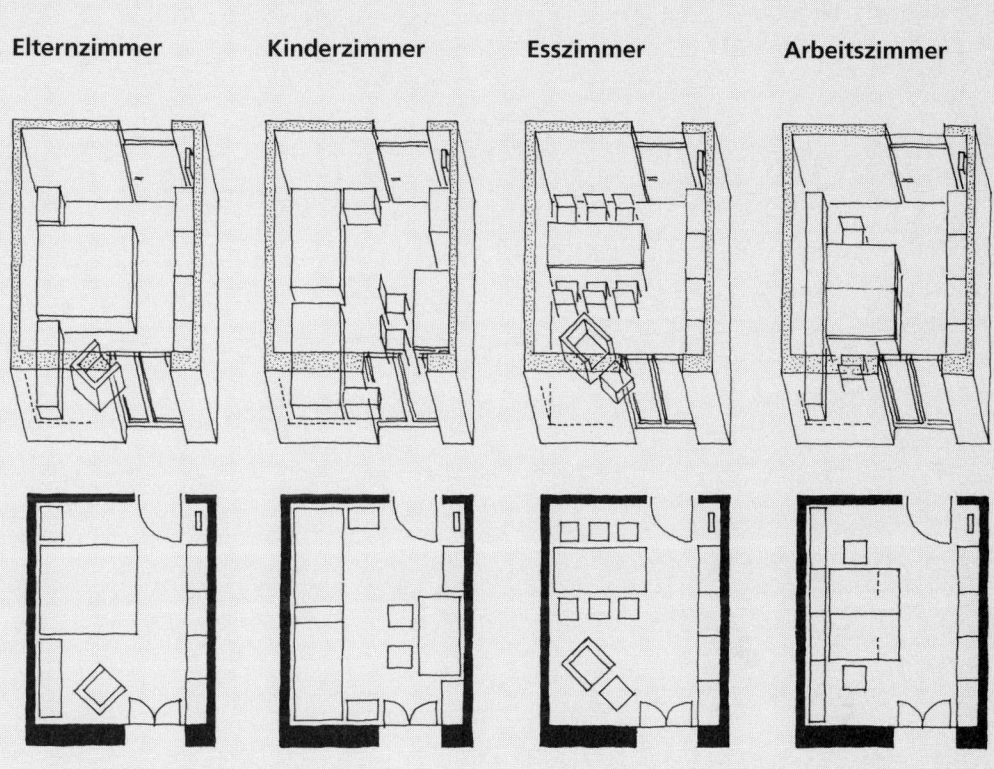

Vier Beispiele von Möblierungsmöglichkeiten eines nutzungsneutralen Zimmers. Der Heizkörper ist jeweils hinter der Türe platziert.

Kosten   Keine Mehrkosten, da die Zimmer baulich nicht verändert werden.

Siehe auch   Beleuchtung, Gebäudestruktur, Grundrissflexibilität, Heizkörper, Wohnungsflexibilität

Naturfarben
Umweltgerecht mit Einschränkungen

Bedeutung

Nachwachsende Rohstoffe

Mit dem zunehmenden Umweltbewusstsein ist auch die Nachfrage nach so genannten Natur- oder Biofarben gestiegen. Die Bindemittel bestehen bei allen Naturfarben aus natürlichen Baumharzen, aus Pflanzenölen oder anderen Rohstoffen aus der Natur. Das Bindemittel ist der wichtigste Bestandteil einer Farbe. Es macht die Verbindung zum Untergrund und hält die Füllstoffe und Pigmente zusammen. Die anderen Bestandteile der Farben (Lösemittel, Hilfsstoffe, Pigmente und Füllstoffe) sind bei Naturfarben oft dieselben wie bei konventionellen Kunstharzfarben.

Umweltschonende Herstellung

Die Besonderheit der Naturfarben ist die umweltgerechte Herstellung. Rohstoffe stammen aus extensiver Bewirtschaftung, sind nachwachsend, erfordern trotz der teilweise großen Distanzen wenig Herstellungsenergie und belasten die Umwelt kaum. Die Buntpigmente der Naturfarben sind häufig Erdpigmente, die sehr umweltschonend hergestellt werden.

Geruchsintensive und allergieauslösende Naturharzlacke

Weniger ideal sind die Ausdünstungen während und nach der Verarbeitung gewisser lösemittelhaltiger Naturfarben. Die Decklacke für Holz und Metalle enthalten alle erhebliche Mengen an Lösemitteln (Luftbelastung) und können im Falle der natürlichen Lösemittel (Terpene) für Allergiker zu Gesundheitsproblemen führen (Hinweise auf den Etiketten beachten). Auch die natürlichen Harze und Öle können unter gewissen Umständen geruchsintensive Stoffe über längere Zeit abgeben.
Probleme entstehen vor allem dort, wo geruchsintensive Farben großflächig gestrichen werden und der Luftwechsel wegen dichter Fenster gering ist. In solchen Fällen hilft auch intensives Lüften nur wenig.

Umsetzung	**Naturharzdispersionen für Innenwände** Auf allen Wandflächen, insbesondere auf Tapeten und alten Anstrichen, können problemlos Naturharzdispersionen verwendet werden. Sie enthalten keine Lösemittel, sind gesundheitlich unproblematisch und weisen dieselben Gebrauchseigenschaften wie gewöhnliche Kunstharzdispersionen auf. Für Decken eignen sich umweltgerechte, problemlos renovierbare Leimfarben. **Stark beanspruchte Holzoberflächen** Lösemittelhaltige Naturfarben wie auch Ölfarben für stark beanspruchte Holz- und Metallbauteile sollten bei Innenanwendung nur auf kleinen Flächen verwendet werden. Für größere Oberflächen sind wässrige Kunstharzdispersionslacke umweltgerechter und in der Regel weniger geruchsintensiv. **Wenig beanspruchte Holzoberflächen** Wässrige Holzlasuren auf Naturharzbasis und andere Produkte auf Wasserbasis sind umweltgerecht und nicht geruchsintensiv. **Außenanstriche** Für Außenanstriche auf mineralische Untergründe sind Naturharzdispersionen nicht geeignet. Auf Holz und Metall sind Ölfarben geeignet und haben den großen Vorteil, dass sie sich ohne großen Aufwand nachbessern und renovieren lassen.
Kosten	Naturharzfarben, vom Maler fertig gestrichen, sind etwa 30 bis 50 % teurer als konventionelle Kunstharzfarben.
Siehe auch	Bauproduktinformationen, Innenraumluft, Malerarbeiten innen

Parkett
Natürlich und dauerhaft

Bedeutung

Parkettböden haben viele ökologische Vorteile gegenüber anderen Bodenbelägen. Sie sind Ressourcen schonend und benötigen wenig Energie für
die Herstellung. Sie lassen sich durch Schleifen und Behandeln immer wieder in einen neuwertigen Zustand bringen. Bei der richtigen Wahl der Parkettart, des Holzes und der Behandlung sind sie strapazierfähig und für
vielfältige Nutzungen anwendbar. Für fast alle Einsatzbereiche gibt es die
geeignete Parkettart.

Umsetzung

Einheimische Harthölzer
Für die Nutzschicht ist ein Hartholz von 4 bis 6 mm Dicke oder ein strapa-
zierfähiges Parkett zu wählen. Zu den einheimischen Harthölzern gehören
Eiche, Rotbuche, Esche, Ulme, Kirschbaum, Ahorn. Nadelhölzer gehören
eher zu den Weichhölzern und sind somit weniger geeignet.

Holz aus nachhaltiger Waldwirtschaft
Es sind Holzarten aus einer nachhaltigen Waldbewirtschaftung zu verwenden. Vor allem bei importierten Hölzern aus Übersee ist vom Parkett-Herstel-
ler ein Nachweis zu verlangen.

Verlegeart
Schwimmend verlegtes Parkett, das heißt nicht mit dem Untergrund ver-
klebt, ist im Hinblick auf einen späteren Ausbau vorzuziehen und besonders
für Renovationen geeignet. Wenn die Parkettart, der Untergrund oder die
Zimmergröße kein schwimmendes Verlegen zulassen, so ist ein lösemittel-
freier Dispersionskleber zu verwenden.

Schadstoffarme Qualität
Falls die Tragschicht aus Spanplatten oder MDF-Platten besteht, haben diese
zur Begrenzung der Formaldehydabgabe das Umweltzeichen „Blauer Engel"
RAL-UZ 76 aufzuweisen.

Oberflächenbehandlung
Hartöle sind weniger heikel und weniger umweltbelastend als Versiegelun-
gen, benötigen jedoch vor allem am Anfang eine gute Pflege. Die matte bis

stumpfe Oberfläche lässt sich durch Nachölen an den stark beanspruchten Stellen immer wieder erneuern, ohne dass die ganze Oberfläche abgeschliffen und neu versiegelt werden muss. Wenn eine harte und geschlossene Oberfläche eines Parkettsiegels bevorzugt wird, ist ein Produkt auf Wasserbasis zu verwenden. Um Umweltbelastungen und Gesundheitsgefährdungen zu vermeiden, sind werkseitig geölte oder versiegelte Produkte erhältlich.

Pseudo-Parkette

So genannte Laminate sind keine Parkettböden; sie bestehen aus speziell gepressten Hartspan- oder Hartfaserplatten mit einer Papier-Kunstharz-dekorschicht als Holzimitation oder einer dünnen Furnierschicht. Laminate können nicht abgeschliffen und erneuert werden.

Kosten

Richtpreise für 25 bis 50 m² fertig verlegtes, geschliffenes, versiegeltes Parkett, ohne Sockelleiste:

Bezeichnung	Charakterisierung	DM/€ pro m²	
Klebparkett	Kleinformatiges, zu Elementen verklebtes	95,–	bis 140,–
	Massivholzparkett, vollflächig verklebt	49,–	bis 72,–
Massivholzparkett	Großformatiges Massivholzparkett mit Nut und	175,–	bis 290,–
	Kamm oder Feder	90,–	bis 148,–
Strapazierparkett	Hochkantiges, Lamellen- oder Hirnholzparkett,	120,–	bis 290,–
	vollflächig verklebt (13–24 mm)	61,–	bis 148,–
Fertigparkett	Meist mehrschichtige Bodenelemente aus 4 bis	95,–	bis 195,–
	6 mm Hartholznutzschicht und Tragschichten	49,–	bis 100,–
	aus Weichholz, Spanplatten, MDF oder Kork,		
	geklebt oder schwimmend verlegt		
Riemenböden	Lange Massivholzriemen mit Nut- und	150,–	bis 230,–
	Feder-Verbindungen, schwimmend verlegt	77,–	bis 118,–
	oder genagelt		

Informationen

Dielenfußböden (Informationsdienst Holz)/**Böden und Beläge – Parkett** (Informationsdienst Holz, Holzbau Handbuch, Reihe 6, Teil 4, Folge 2), jeweils Arbeitsgemeinschaft Holz e.V., Internet: www.argeholz.de

Siehe auch

Bauproduktinformationen, Böden aus Stein- und Tonplatten, Elastische Bodenbeläge, Formaldehyd, Holzwerkstoffplatten, Innenraumluft, Lebensdauer, Teppiche

Passivhäuser
Gebäude (fast) ohne Heizung

Bedeutung

Als so genanntes Passivhaus bezeichnet man ein Gebäude, in dem ein behagliches Innenklima ohne konventionelle Heizung erreicht werden kann. Voraussetzung ist ein Heizwärmebedarf von weniger als 15 kWh pro Quadratmeter beheizter Fläche und Jahr. Der gesamte spezifische Primärenergiebedarf pro m² Wohnfläche in einem europäischen Passivhaus darf 120 kWh/(m²a) (für Raumheizung, Warmwasserbereitung und Haushaltsstromverbrauch) nicht überschreiten. Damit wird in einem Passivhaus insgesamt weniger Energie verbraucht als in durchschnittlichen europäischen Neubauten allein an Haushaltsstrom und für die Warmwasserbereitung benötigt wird.

Umsetzung

Standort
Viel Sonne und Verschattungsfreiheit sind wichtige Voraussetzungen. Die Hauptfassade mit großen Fensterflächen muss nach Süden (±30°) orientiert sein, wo über Mittag die größte Bestrahlung stattfindet. Notwendig für die passive Sonnenenergienutzung ist auch ein freier Horizont; die Sonne darf nicht durch Hügel, Baumgruppen usw. verdeckt sein.

Wärmedämmstandard
Von Bedeutung sind Sonnenenergiegewinne primär bei Gebäuden mit bereits sehr niedrigen Wärmeverlusten. Grundsätze für den Bau von Passivhäusern sind daher eine kompakte Gebäudeform, überdurchschnittlich gute Wärmedämmung der Gebäudehülle mit Dämmstoffdicken von etwa 30 cm und mehr (U-Wert der Außenhülle des Gebäudes kleiner 0,15 W/(m²K)) sowie die Reduktion der Lüftungsverluste durch Wärmerückgewinnung mit einer Zu- und Abluftanlage.

Fenster
Die Fenster müssen am Tag viel Sonne in das Gebäude hineinlassen und dürfen bei bedecktem Himmel wie auch in der Nacht nur möglichst wenig Wärme wieder nach außen abgeben. Dies bedingt Fenster, deren U-Wert 0,8 W/m²K (Verglasung einschließlich der Fensterrahmen) nicht überschreitet sowie Gläser mit einem hohen Gesamtenergiedurchlassgrad (g-Wert um 50 %).

Auf natürliche Weise kann sich die gewonnene Wärme nur bei kleinen Gebäudetiefen und einem offenen Grundriss optimal verteilen. Große Gebäudetiefen und geschlossene Räume führen zu Überhitzungen der Südräume und Unterkühlungen der Nordpartien.

Speicher
Eine wirkungsvolle Speicherung ist in Materialien mit hoher Wärmeleitfähigkeit und guter Wärmekapazität wie Beton und Kalksandstein möglich. Speicher und Fensterfläche sind auf einander abzustimmen, um Überhitzungen bei zu kleinem Speicher bzw. zu aufwändige Speicherkonstruktionen zu vermeiden.

Komfort
Passivhäuser haben einen Temperaturrhythmus analog dem Außenklima. Temperaturschwankungen sind nicht vermeidbar. Dazu gehören bei einer Schönwetterperiode Temperaturen bis zu 25 °C, die nach 4 bis 5 Nebeltagen bis auf 18 °C absinken können. Im Sommer ist ein Beschatten der Fenster unumgänglich. Überhitzungen lassen sich durch einen großflächigen, außenseitigen Sonnenschutz vermeiden.

Kosten   Die Mehrkosten eines Passivhauses liegen etwa zwischen DM 15.000,– / € 7.669,– (Reihenmittelhaus) und DM 26.000,–/€ 13.294,– (Doppelhaushälfte). Dem gegenüber steht eine jährliche Energieeinsparung zwischen DM 1.000,–/€ 511,– und 2.000,–/€ 1.023,–. Passivhäuser werden derzeit durch den Bund in verschiedenen Programmen finanziell gefördert.

Informationen   **Checkliste Passivhaus**, Informationen für interessierte Bauherren, Passivhaus Institut Darmstadt, Internet: www.passiv.de

Siehe auch   Betriebskosten, Finanzierungen, Fenster, Tageslichtnutzung, Wärmedämmung, Zu- und Abluftanlagen

Radon

Nur Messungen schaffen Klarheit

Bedeutung

Radon ist ein geruchloses, radioaktives Gas aus bestimmten Gesteinen, das aber durch die Bewohner nicht wahrgenommen wird. Dessen gesundheits-schädigende Wirkung wird gemeinhin unterschätzt. Man geht davon aus, dass die Radonbelastung in Innenräumen – nach dem Rauchen – die zweit-häufigste Ursache von Lungenkrebs ist.

Erhöhte Radonbelastungen in Gebäuden sind ausschließlich auf das Ein-dringen des Gases aus dem Untergrund durch den Keller zurückzuführen. Radonbelastungen durch Baumaterialien spielen eine absolut untergeord-nete Rolle.

Hauptursache für das Eindringen sind undichte Böden und Wände der Kellergeschosse, vor allem Keller mit Naturböden sowie undichte Leitungs-durchführungen von innen nach außen. Unterdruckverhältnisse durch Abluftanlagen in Bad/WC oder thermischer Auftrieb im Haus fördern das Eindringen des Radons in den Keller und in die übrigen Geschosse.

Umsetzung

Bei einem Neubau ist anhand von Radonkarten abzuklären, inwieweit es sich bei der Lage des Grundstücks um ein sog. Radongebiet handelt. Wenn ja, sollten entsprechende Maßnahmen ergriffen werden. Die einfachste Maßnahme ist ein Röhrensystem unterhalb der Bodenplatte, in das das Radon über Öffnungen eindringen kann und über das Dach passiv weg-geleitet wird.

Die Lage eines Grundstückes in einem nicht belasteten Gebiet ist noch keine Gewähr für Radonfreiheit, weil die Durchlässigkeit des Bodens eine klein-räumige Angelegenheit ist und sich deshalb die Radonbelastung von Haus zu Haus ändern kann. Messungen in der Baugrube sind aufwändig und deren Resultate zweifelhaft.

Bei bestehenden Gebäuden geben Messungen über die Radonbelastung eine zuverlässige Auskunft. Dazu genügen passive, kleine Sammelgeräte, sog. Radon-Dosimeter, von denen in einem Einfamilienhaus etwa 3 Stück während einem bis drei Monaten aufgestellt werden. Ist die Belastung zu hoch, sind Beratung und Maßnahmen durch Fachleute erforderlich.

Bei Neubauten sollte nach Empfehlung der Europäischen Kommission die Radonbelastung unter dem Richtwert von 200 Bq/m³ liegen. Bei bestehenden Gebäuden rät das Bundesumweltministerium ab 200 Bq/m³ Raumluft zu baulichen Maßnahmen, etwa Risse im Kellerboden abzudichten. Die Werte sind jedoch keine medizinischen Grenzwerte. Auch bei geringen Konzentrationen besteht im Prinzip ein Risiko, an Lungenkrebs zu erkranken.

Eine Sanierungspflicht besteht auch bei hohen Radonwerten derzeit nicht.

Kosten

Bei einem Neubau beschränken sich die Kosten auf die für die Abklärungen notwendige Arbeitszeit, das sind in der Regel zwei bis vier Anrufe bei den zuständigen Behörden der Gemeinde oder des Bundeslandes. Wenn Anzeichen für eine Radonbelastung des spezifischen Grundstückes vorhanden sind, kann es sich lohnen, bereits jetzt unterhalb der Bodenplatte entsprechende Röhren zu verlegen, auch wenn deren Gebrauch noch unsicher ist. Sollte sich dann tatsächlich eine zu hohe Radonbelastung einstellen, wäre ein Anschluss einfach möglich.

Die Kosten für ein vorgängig eingebautes Röhrensystem in einem EFH betragen DM 1.500,– bis 6.000,– (€ 767,– bis 3.068,–)

Die Kosten für nachträgliche Sanierungen sind mit Sicherheit höher und können ein Mehrfaches betragen.

Ein Radon-Dosimeter-Gerät kostet DM 60,– (€ 30,68) inklusive Messauswertung.

Informationen

Radonkarten mit Angabe der Radonexposition
z.B. für Hessen über das Hessische Ministerium für Umwelt, Landwirtschaft und Forsten, Internet: www.mulf.hessen.de
oder über Stiftung Warentest, Radonkarte mit Messungen in 388 Wohnungen in ganz Deutschland, Heft 12/2000 – „Bedrohung aus der Tiefe",
Umweltanalysen der Stiftung Warentest, Radon in Wohnräumen, Internet: www.warentest.de
Beratungsstelle für radongeschütztes Bauen in Schlema, Tel.: 03772/ 242 14

Siehe auch

Innenraumluft

R

Regenwassernutzung
Ökologisch interessant und technisch ausgereift

Bedeutung

Durch die zunehmende Versiegelung unserer Städte und Landschaften sind die Kläranlagen und Flüsse bei größeren Niederschlagsereignissen überfordert. Die Überschwemmungsgefahr nimmt zu, und die Betreiber von Kläranlagen müssen in teure Regenwasserauffangbecken investieren. Niederschlagswasser sollte deshalb vor Ort über Versickerungsanlagen dem Grundwasser zugeführt werden.

Mit dem Bau von Regenwassernutzungsanlagen kann die örtliche Versickerungsanlage unter Umständen kleiner dimensioniert werden. Regenwassernutzungsanlagen funktionieren bei Gewitterregen als dezentrale Rückhaltebecken, reduzieren den Trinkwasserverbrauch und sind in Gebieten mit knappem Grund- und Quellwasser ökologisch sinnvoll.

Für 50 % des Brauchwasserverbrauchs (Baden, Trinken, Kochen etc.) ist Trinkwasser aus der öffentlichen Versorgung unabdingbar. Für die Toilettenspülung (32 %), Waschen (14 %) und die Gartenbewässerung (4 %) genügt das Regenwasser vollauf oder ist gar besser.

Umsetzung

Das Regenwasser wird einem Tank im Erdreich oder Keller zugeleitet. Für Vier-Personen-Haushalte wird ein Wasserspeicher mit einem Volumen von 3.000 bis 4.500 Litern empfohlen. Der Tank muss wegen übermäßiger Algenbildung vor Licht und Wärme geschützt werden. Eine Pumpendruckanlage versorgt die Verbraucher (WC, Waschmaschine, Garten) über ein separates Leitungsnetz mit Regenwasser. Ist der Tank in einer Trockenperiode leer, wird er automatisch mit Wasser aus der Trinkwasserversorgung gefüllt. Einmal jährlich sind Tank und Filter zu reinigen. Regenwasser ist weich und enthält deshalb wenig Kalk. An den Armaturen setzt sich weniger Kalk an, und weiches Wasser in der Waschmaschine erfordert weniger Waschmittel.

Kosten

Eine Regenwassernutzungsanlage kostet für ein neu gebautes Einfamilienhaus abhängig von Ausstattung und Eigenleistung etwa 9.000,- bis 11.500,- DM/€ 4.602,- bis 5.880,-6 (inkl. Anlagentechnik, Speicher, Verteilnetz und Installationskosten).

	Achtfamilienhaus DM/€	Einfamilienhaus DM/€
Investition Tank	10.000,–/5.113,– (8000 l)	2.200,–/1.125,– (1000 l)
Pumpen und zusätzliche Leitungen	10.000,–/5.113,–	3.200,–/1.636,–
Totalinvestitionen bei Neubauten	20.000,– /10.226,–	5.400,–/2.761,–
Einsparungen Wassergebühren und Waschmittel	800,–/409,–/a	120,–/61,40/a
Verzinsung des Investitionskapitals	ca. 4%	ca. 2–3%

Die Einsparungen hängen von den örtlichen Trinkwasser- und Abwassergebühren sowie der Verrechnungsart ab, die sehr unterschiedlich gehandhabt wird. Viele Städte berechnen die Abwassergebühren allein nach dem Trinkwasserverbrauch eines Haushalts. Für gebrauchtes Regenwasser, das in die Kanalisation eingeleitet wird, muss in manchen Gemeinden keine Gebühr entrichtet werden. Zum Teil müssen Regenwasser-Nutzer aber auch zusätzliche Zähler zur Messung und Gebührenermittlung der eingeleiteten Regenwassermenge einbauen.

Wird eine gesplittete Abwassergebühr erhoben, setzt sich diese aus dem Trinkwasserverbrauch und einer Niederschlagswassergebühr zusammen. Diese wird nach der versiegelten Fläche des Grundstücks berechnet. Zum Teil werden Dachflächen, die an eine Regenwassernutzungsanlage angeschlossen sind, dabei nicht berücksichtigt.

In manchen Bundesländern, Städten oder Gemeinden wird der Bau von Regenwassernutzungsanlagen derzeit finanziell gefördert.

Informationen

Nutzung von Regenwasser, Empfehlungen zur Nutzung in privaten Gebäuden, Hessisches Ministerium für Umwelt, Landwirtschaft und Forsten, Internet: www.mulf.hessen.de

fbr Fachvereinigung Betriebs- und Regenwassernutzung e.V., Internet: www.fbr.de, Homepage mit Informationen zum Bau von Regenwasseranlagen, Diskussionsforum für Fragen zur Technik, Hygiene und den Gebühren bei der Regenwassernutzung

Siehe auch

Betriebskosten, Finanzierungen, Flachdachbegrünung, Versickerung, Wasserleitungen

R

Solarzellen
Prestige von der Sonne

Bedeutung

Die Sonnenenergie ist gratis und in unbeschränkter Menge vorhanden. Mit Solarzellen kann Sonnenlicht direkt in Strom umgewandelt werden. Die Technik der Solarzellen beziehungsweise der Photovoltaik (PV) hat einen hohen Stand erreicht. Die energetische Rückzahlfrist beträgt 2 bis 6 Jahre; die zu erwartende Lebensdauer 20 Jahre. Das heißt, dass lediglich etwa ein Viertel des gesamten Energieertrages für die Produktion der Solarzellen gebraucht wird und der Rest als eigentlicher Gewinn zu betrachten ist. Vom ökologischen Standpunkt aus gesehen lohnt es sich, eine Photovoltaikanlage zu realisieren.

Umsetzung

Planung und Einbau einer Photovoltaikanlage benötigen Fachleute. Wie bei Sonnenkollektoranlagen zur Warmwassererzeugung liegt die ideale Ausrichtung der Zellen bei 30° Neigung gegen Süden. Abweichungen zwischen Südost bis Südwest und Neigungen zwischen 20° und 60° liegen nahe beim Optimum. Der Einbau von Solarzellen in Dach oder Wand verändert den architektonischen Ausdruck eines Gebäudes. Ob eine Baugenehmigung für eine PV-Anlage erforderlich ist, sollte man rechtzeitig ermitteln. Die Vorschriften hierfür sind in den Bundesländern unterschiedlich. Eine PV-Anlage wird meist so betrieben, dass der erzeugte Strom selbst verbraucht und der überschüssige Strom in das öffentliche Netz eingespeist wird. Auch wegen der Auflagen, die man einhalten muss, und der Elektroinstallateure, die in Frage kommen, sollte man vor der Errichtung einer PV-Anlage das Gespräch mit dem Netzbetreiber suchen. Eventuell fördert dieser auch die Errichtung der Anlage.

Kosten

Eine PV-Anlage kostet bei Kleinanlagen (z.B. Einfamilienhaus mit einer Leistungsklasse von 2–3kW$_{peak}$) zwischen DM 14.000,– und 16.000,– (€ 7.158,– und 8.181,–) pro kW$_{peak}$. Die Modulfläche liegt bei ca. 10m^2 pro kW$_{peak}$, der durchschnittliche Jahresertrag bei ca. 720 kWh/kWpeak. Daraus errechnen sich Stromerzeugungskosten, die aktuell zwischen DM 1,40 und 1,80/€ 0,72 und 0,92 (ohne Fördermittel) pro erzeugter kWh liegen. Je nach System und Anbieter sind sehr starke Preisschwankungen bis zu 100 % möglich. Ein Preisvergleich lohnt sich in jedem Fall. Der Netzbetreiber ist nach dem Erneuerbare-Energien-Gesetz verpflichtet, den durch PV-Anlagen

Beispiel Mehrfamilienhaus in Zürich

Ausrichtung

Orientierung	Süden
Neigung	43°

Größe und Ertrag

Modulfläche	13,2 m²
Ertrag	ca. 1650 kWh/a
	ca. 120 kWh/m²a

erzeugten Strom in sein Netz aufzunehmen und für jede eingespeiste kWh eine gesetzlich vorgeschriebene Mindestvergütung von derzeit 99 Pfennig (50,62 Cent) zu bezahlen. Manche Netzbetreiber zahlen auch mehr als die gesetzlich vorgegebene Mindestvergütung. Es kann daher auch günstiger sein, den erzeugten Strom komplett ins Netz einzuspeisen. Bei kostendeckender Vergütung rechnet sich eine PV-Anlage auch wirtschaftlich. PV-Anlagen werden derzeit vom Bund im Rahmen des 100.000 Dächer-Programms finanziell gefördert. Zahlt der Netzbetreiber mehr als die vorgeschriebene Mindestvergütung, kann dieses Programm allerdings in der Regel nicht mehr in Anspruch genommen werden. Eine weitere gute Möglichkeit, Strom aus erneuerbaren Energien und damit auch Solarstrom zu unterstützen, ist der Bezug von sog. „Grünem Strom".

Informationen

Jetzt erneuerbare Energien nutzen, Ratgeber für Verbraucher, Anwendungsbeispiele, Förderprogramme und Adressen, Bundesministerium für Wirtschaft und Technologie BMWi, Bestellfax: 0228/42 23-462, Internet: www.bmwi.de (auch Anbieter von „Ökostrom")

Photovoltaik, bildung & energie 3, BINE Informationsdienst, Internet: bine.fiz-karlsruhe.de

Kraftwerk Sonne – Aus Licht wird Strom, Photovoltaik, Systeme und Anwendungen, Deutscher Fachverband Solarenergie e.V. DFS, Internet: www.dfs.solarfirmen.de

Siehe auch

Betriebskosten, Energieeinsparverordnung, Finanzierungen, Lebensdauer, Sonnenkollektoren

S

Sonnenkollektoren
Ein Muss für die Warmwassererzeugung

Bedeutung

Die aktive Nutzung der Sonnenenergie mit einer Kollektoranlage für die Warmwasseraufbereitung ist ökonomisch und ökologisch interessant. Im Sommerhalbjahr deckt eine solche Anlage meist den gesamten Warmwasserbedarf. Es ist auch möglich, eine Sonnenkollektoranlage mit einer Heizanlage zu kombinieren und damit den Warmwasser- wie den Heizungsenergiebedarf abzudecken. Die Planung solcher Kombinationen erfordert spezifische Fachkenntnisse.

Umsetzung

Bei einer Sonnenkollektoranlage werden meist verglaste Flachkollektoren verwendet. Das Optimum wird bei einer Südausrichtung und 45° Neigung der Kollektoren erreicht. Abweichungen in der Orientierung Südost bis Südwest und in der Neigung 30° bis 60° haben keine wesentlichen Einbußen zur Folge.
Es lohnt sich nicht, Kollektoren der Sonne automatisch nachzuführen; der finanzielle und wartungsmäßige Aufwand steht in keinem Verhältnis zum höheren Sonnenenergiegewinn. Wichtig ist, dass die Kollektoren nicht von Hindernissen wie Bäumen und Häusern beschattet werden.
Der Speicher ist die zentrale Komponente im Anlagesystem. In ihm wird die Wärme der eingestrahlten Sonnenenergie gespeichert. Ohne größere Verluste lässt sich damit eine Schlechtwetterperiode von 2 bis 3 Tagen überbrücken.

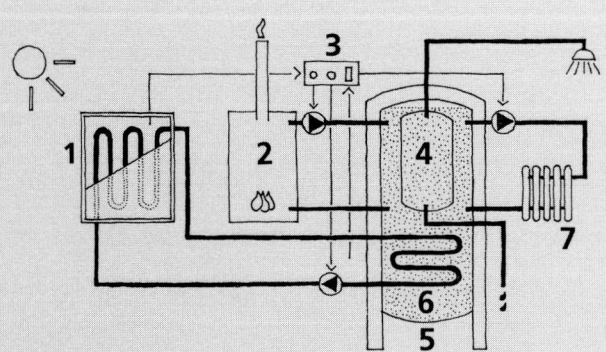

Schema eines Anlagesystems für Warmwasser und Heizung mit den folgenden Spezifikationen:

1 Flachkollektor
2 Zusatzheizung
3 Steuerung
4 Boiler
5 Heizspeicher
6 Wärmetauscher
7 Heizungsverteilung

	Einfamilienhaus	MFH mit 3 Wohnungen
Fläche der Flachkollektoren	ca. 16 m²	ca. 35 m²
Heizspeicher mit Boiler	ca. 1.000 Liter	ca. 2.200 Liter

Kosten

Die Kosten für eine Sonnenkollektoranlage für Warmwasser und Heizung liegen bei einem Einfamilienhaus zwischen DM 18.000,– und 35.000,– (€ 9.203,– und 17.895,–); bei einem Mehrfamilienhaus mit drei Wohnungen betragen sie zwischen DM 7.000,– und 20.000,– (€ 3.579,– und 10.226,–); sie nehmen ab mit zunehmender Anzahl Wohnungen. Die Einsparungen betragen beim Einfamilienhaus ca. 300 Liter Öl pro Jahr, dies entspricht einer ca. 25%-igen Deckung des Energiebedarfs für Heizung und Warmwasser. Die Kosten für eine Sonnenkollektoranlage nur für Warmwasser betragen für ein Einfamilienhaus ca. DM 10.000,– und ca. DM 16.000,– (€ 5.113,– und 8.181,–) für ein Mehrfamilienhaus mit drei Wohnungen (ca. 60%-ige Deckung des Energiebedarfs). Je nach System und Anbieter sind sehr starke Preisschwankungen bis zu 100 % möglich. Ein Preisvergleich lohnt sich in jedem Fall. Der Einsatz von Sonnenkollektoren wird derzeit vom Bund in verschiedenen Programmen finanziell gefördert. Zusätzlich bieten auch einige Städte und Gemeinden regional begrenzte Förderprogramme an. Der Bau einer Sonnenkollektoranlage ist in der Regel genehmigungsfrei. Besondere Vorschriften können für denkmalgeschützte Gebäude gelten.

Informationen

Jetzt erneuerbare Energien nutzen, Ratgeber für Verbraucher, Anwendungsbeispiele, Förderprogramme und Adressen, Bundesministerium für Wirtschaft und Technologie BMWi, Bestellfax: 0228/42 23-462, Internet: www.bmwi.de

Thermische Nutzung der Sonnenenergie, bildung & energie 4, BINE Informationsdienst, Internet: bine.fiz-karlsruhe.de

Solarwärme, Mit "Solar – na klar" zur eigenen Solarwärmeanlage, B.A.U.M. e.V., Internet: www.solar-na-klar.de

Umweltzeichen „Blauer Engel" RAL-UZ 73, weil hoher Wirkungsgrad, Sonnenkollektoren, Internet: www.blauer-engel.de

SPF-Qualitätssiegel des schweizerischen Instituts für Solartechnik SPF, umfangreicher Kollektortest im Internet: www.solarenergy.ch

Siehe auch

Betriebskosten, Finanzierungen, Lebensdauer, Energieeinsparverordnung, Solarzellen

151

Tageslichtnutzung
Erhöht die Behaglichkeit und spart Energie

Bedeutung

Wohnräume sollten tagsüber hell und lichtdurchflutet sein. Tief in die Räume reichendes Tageslicht fördert die Aktivität, aber auch die Erholung und die Entspannung. Das Tageslicht hat zusammen mit der Raumproportion, der Farbe und dem Material einen wesentlichen Einfluss auf die Wohnqualität. Mit einer guten Tageslichtnutzung bietet sich die Möglichkeit, Strom zu sparen.

Umsetzung

Die Tageslichtmenge wird im Wesentlichen durch die drei folgenden Faktoren bestimmt:
- Fenstergröße in Bezug zur Bodenfläche und zum Volumen des Raumes
- Elemente des Fensters wie Sprossen- und Rahmenanteil, Sturzhöhe, Leibungstiefe, Lichtdurchlässigkeit der Verglasung, Beschattungsvorrichtung
- Farbe und Oberflächenbeschaffenheit der raumbegrenzenden Bauteile Böden, Wände und Decken sowie der Einbauten

Fenstergröße
Für ein gutes Verhältnis von Boden- zu Fensterfläche kann in Abhängigkeit der Orientierung von den folgenden prozentualen Werten ausgegangen werden:
- Fenster gegen Süden   25 bis 30 %
- Fenster gegen Osten bzw. Westen   20 bis 25 %
- Fenster gegen Norden   15 bis 20 %
- Oblichtfenster   10 bis 15 %

Die Werte sind als Richtwerte zu verstehen und mit den energetischen Forderungen (Gewinne/Verluste) in Übereinstimmung zu bringen.

Sturzhöhe, Sprossen und Rahmen
Niedrige oder gar keine Fensterstürze erhöhen den Tageslichtanteil bis zu 20 % und lassen das Licht tiefer in den Raum hineingleiten. Sprossen sowie sichtbare Rahmenpartien sind möglichst schlank zu halten.

Farbe

Dunkle Farben absorbieren viel Licht, bevor es überhaupt genutzt werden kann. Gegenüber dunklen Farben kann mit hellen Farben das eintretende Tageslicht bis zu 20 % und mehr genutzt werden. Nicht behandelte Materialien wie helle Hölzer können stark nachdunkeln und viel mehr Licht absorbieren als im ursprünglichen Zustand.

Besonnung

Eine direkte Sonneneinstrahlung ins Innere ist wichtig für die Wohnqualität, vor allem in der Winterzeit. Im Sommer kann sie auch störend sein. Mit einem Sonnenschutz gilt es, die Einstrahlung zu regulieren und sich vor zu viel Sonne zu schützen, vor allem bei Oberlichtfenstern.

Himmel

Der vom Fenster aus direkt sichtbare Himmelsanteil ist für die Belichtung der dahinter liegenden Räume von maßgeblicher Bedeutung. Zu nahe liegende Nachbargebäude decken den Himmel zu fest ab. Sie sollten deshalb mindestens etwa $1\frac{1}{2}$-mal so weit weg sein, wie sie hoch sind.

Balkone

Südseitig angeordnete Balkone verringern das einfallende Tageslicht bis zu 30%. Südwest- oder westseitige Balkone sind vorteilhafter; die tiefer einstrahlende Abendsonne lässt sich im Innern wie auf dem Balkon selbst besser nutzen.

Siehe auch   Beleuchtung, Betriebskosten, Fenster, Passivhäuser

T

Teppiche
Anspruchsvolle Wahl

Bedeutung

Die ökologische Beurteilung von Teppichbodenbelägen ist komplex. Eine allgemein gültige Beurteilung ist deshalb kaum möglich. Im Gegensatz zu anderen Bodenbelägen ist zudem die Materialvielfalt außerordentlich groß. Dutzende von verschiedenen Kunststoffen und natürlichen Fasern kommen für Nutz- und Rückenschicht in Frage, zusätzlich können alle Teppiche mit Farbstoffen und vielen anderen chemischen Zusätzen behandelt werden.
Die Produktion von Teppichen ist ressourcenintensiv, und sie weisen eine relativ kurze Lebensdauer auf. Bei frisch verlegten Teppichen kann wie bei elastischen Bodenbelägen ein Neugeruch auftreten.
In Mietwohnungen können Teppichböden erfahrungsgemäß erhebliche Unterhaltskosten verursachen. Häufig werden Teppiche bereits bei einem Mieterwechsel ersetzt, auch vor Ablauf der eigentlichen Abschreibezeit von 10 Jahren. Die Fleckenentfernung ist aufwändig und häufig nicht mit zufrieden stellendem Resultat möglich. Die trittschalldämmenden Eigenschaften und die Behaglichkeit sind die Vorteile.

Vor- und Nachteile	
Vorteil	Nachteil
• Lärmschutz (Trittschall, Schallabsorption)	• Lebensdauer relativ gering
• Behagliches Gefühl	• Risiko Geruchsimmissionen
• Staubbindend	• Ressourcenintensive Produktion
• Rutschhemmend	• Fleckenentfernung aufwändig

Umsetzung

- Teppiche aus natürlichen Rohstoffen sind meistens weniger aufwändig in der Herstellung als Nadelfilz- oder andere Kunstfaserteppiche.
- Sinnvoll sind gespannte, lose mit Teppichunterlage oder mit Kontaktklebband verlegte Teppiche. Sie lassen sich so problemlos entfernen.
- Teppichlabels geben Auskunft über die ökologischen Qualitäten.

GuT

Grenzwerte für problematische Stoffe im Produkt, standardisierte Geruchsprüfung, keine Anforderungen an die Produktion

TÜV

Strenge Grenzwerte für das Produkt selber, keine Anforderungen an die Produktion.

Kosten

Teppiche kosten verlegt zwischen DM 60,– bis über DM 100,– (€ 30,70 bis über 51,–) pro m². Am unteren Bereich sind Kokos und Nadelfilze, im oberen Bereich bewegen sich die Schurwolleteppiche.

Informationen

Baustoffe richtig auswählen, Ratgeber 11, Landesinstitut für Bauwesen des Landes Nordrhein-Westfalen, Internet: www.lb.nrw.de

Siehe auch

Bauproduktinformationen, Böden aus Stein- und Tonplatten, Elastische Bodenbeläge, Innenraumluft, Lebensdauer, Parkett

T

Versickerung
Regenwasser versickern lassen/Schonung des Grundwassers

Bedeutung

Versickerungen und Rückhaltemaßnahmen sind wichtige Vorkehrungen, um Niederschlagswasser von Dächern, wenig befahrenen Plätzen und Straßen auf dem eigenen Grundstück zurückzubehalten und damit dem Absinken des Grundwasserspiegels entgegen zu wirken. Zudem sorgen solche Maßnahmen auch für eine wesentliche Entlastung der Kanalisationen und Kläranlagen und reduzieren die Gefahr von Überschwemmungen.

Umsetzung

Es wird unterschieden zwischen natürlicher Versickerung, künstlicher (technischer) Versickerung und den Rückhaltemaßnahmen. Erkundigen Sie sich bei Ihrer Gemeinde, welche Versickerungsmaßnahmen genehmigungspflichtig sind. Bei kleinen Flächen wird oft auf ein behördliches Verfahren verzichtet.

Natürliche Versickerung
Für eine flächige Versickerung eignen sich in erster Linie Vegetations- und Geröllflächen. Unversiegelte Beläge wie Kies-, Schotterrasen-, Rasengitter- sowie Platten- und Pflastersteinflächen mit einem hohen Fugenanteil nehmen einen geringen Anteil an Niederschlagswasser auf. Durch den darunterliegenden, hart verdichteten Kieskoffer (Tragschicht) wird jedoch eine wirksame Versickerung verhindert. Um Überflutungen zu vermeiden, sind bei diesen Belägen je nach örtlicher Situation Anschlüsse an die Kanalisation vorzusehen. Gemeinsam ist allen Flächen, in unterschiedlicher Intensität, der Verdunstungseffekt, welcher im Siedlungsraum das Klima positiv beeinflusst.

Kies- und Schotterplatz

Rasengittersteine

Rasenfugenpflaster

Rückhaltemaßnahmen

Durch Rückhaltemaßnahmen werden bei starken Regenfällen infolge Verzögerung des Abflusses die Spitzenmengen, die zu Überflutungen führen, reduziert. Als Rückhaltemaßnahmen gelten begrünte Flachdächer, wechselfeuchte Weiher und Mulden. Permanent gefüllte Weiher können diese Funktion nicht ausüben.

Künstliche Versickerung

Die natürliche Versickerung kann durch technische Maßnahmen wie Sickerschächte wirksam gefördert werden. Bei starken und anhaltenden Regenfällen können aber auch hier die Abflusskapazitäten überschritten werden, sodass aus Sicherheitsgründen ein Überlauf in die Kanalisation einzuplanen ist. Für alle technischen Sickermaßnahmen ist ein sickerfähiger Boden sowie ein nicht hochliegender Grundwasserspiegel (Grundwasserverschmutzung) Voraussetzung. Diese Faktoren müssen allenfalls durch einen Geologen geklärt werden.

Kosten

Am wenigsten Kosten verursacht die natürliche Versickerung. Die Erstellungskosten von Weihern, Feuchtbiotopen, Versickerungsmulden und künstlicher Versickerung (Versickerungsanlagen) fallen je nach Grösse und Wasserqualität sehr unterschiedlich aus. Technische Versickerungsanlagen erfordern zudem einen Unterhalt.

Kosten für durchlässige Flächenbefestigungen (inkl. Einbau):

Schotterrasen   pro m² ca. DM 30,– bis 50,– (€ 15,– bis 25,–)
Rasengittersteine   pro m² ca. DM 60,– bis 80,– (€ 31,– bis 41,–)
Rasenfugenpflaster   pro m² ca. DM 70,– bis 90,– (€ 36,– bis 46,–)
(Betonstein)

Falls in Ihrer Kommune die Gebühr für Schmutz- und Regenwasser getrennt erhoben wird, braucht diese für Flächen, von denen kein Regenwasser in die Kanalisation gelangt, nicht bezahlt werden (pro m² und Jahr ca. DM 1,– bis 2,–/€ 0,50 bis 1,–). In manchen Bundesländern, Städten oder Gemeinden werden Versickerungsanlagen derzeit finanziell gefördert.

Informationen

Praxisratgeber Entsiegeln und Versickern in der Wohnbebauung, Hessisches Ministerium für Umwelt, Landwirtschaft und Forsten, Internet: www.mulf.hessen.de

Siehe auch

Finanzierungen, Flachdachbegrünung, Regenwassernutzung

V

Wärmedämmung

U-Werte 0,2 W/m²K der Gebäudehülle sind ökologischer Standard

Bedeutung

Mit einer gut wärmedämmenden Hülle lässt sich der Energieverbrauch eines Gebäudes am effizientesten reduzieren. In Deutschland entfällt rund ein Drittel des gesamten Endenergiebedarfs auf die Bereitstellung von Heizwärme für Gebäude. Zum Einsatz gelangen vor allem fossile Brennstoffe mit entsprechenden CO_2-Emissionen, die den Treibhauseffekt verstärken. Mit der Energieeinsparverordnung (EnEV), die spätestens 2002 in Kraft treten soll, soll der Heizenergiebedarf von Gebäuden um rund 25–30 % (bezogen auf den Standard der Wärmeschutzverordnung WSchVO 1995) reduziert werden.

Umsetzung

Zum Thema Wärmedämmung werden häufig folgende Fragen diskutiert:

Haben wir mit einer 12 cm dicken Dämmung nicht bereits unsere Pflicht getan?
Wärmedämmschichten haben in der Regel wesentlich dicker zu sein, um geringere U-Werte zu erhalten (16–20 cm). Dünnere Dämmschichten (8–10 cm) sind nur dann möglich, wenn das dahinter befindende Mauerwerk aus speziellen Ziegeln oder Porenbetonsteinen bereits ein gutes Dämmvermögen hat.

Sind die Energieaufwendungen für die Herstellung solch dicker Dämmungen nicht viel größer als sich damit durch weniger Heizen jemals einsparen lässt?
Auch für eine dicke Wärmedämmung (ca. 18 cm) beträgt die energetische Rückzahlfrist nur 1–2 Jahre.

Bekommen wir durch dicke Dämmschichten nicht zu dichte Häuser?
Die Dämmstoffe haben keinen Einfluss auf die Luftdichtigkeit von Wänden und Decken. So hat eine verputzte Wand dieselbe Luftdichtigkeit, ob mit oder ohne Wärmedämmschicht.

Sind schwitzende Fenster nach der Gebäudesanierung nicht durch die zusätzliche Wärmedämmschicht verursacht worden?

Kondenswasserbildungen bei den Fenstern weisen auf eine zu hohe Luftfeuchtigkeit und einen zu niedrigen natürlichen Luftwechsel hin. Dieser wird vor allem durch die Dichtigkeit der Fenster und das Lüftungsverhalten der BewohnerInnen beeinflusst und nicht durch die Wärmdämmung selbst. Vorsicht ist geboten bei Wärmedämmungen auf der Innenseite der Gebäudehülle. Solche vermögen bereits bestehende Wärmebrücken zu verstärken und Pilzbildungen zu verursachen.

Welches ist das richtige Dämmstoffmaterial?

Das einzig richtige Material gibt es nicht. Was es gibt, sind diverse Dämmstoffmaterialien mit spezifischen Eigenschaften. Diese zu kennen und entsprechend den Anforderungen, wie sie von der Konstruktion her gegeben sind, ist Sache der ArchitektInnen.

Kosten

Die Kosten für einen erhöhten Wärmeschutz eines Gebäudes sind gering. Durch die jährlichen Betriebskosteneinsparungen lassen sich Mehrinvestitionen in der Regel kompensieren.

Siehe auch

Bauproduktinformationen, Betriebskosten, Energieeinsparverordnung, Fassade, Fenster, Feuchtigkeit

W

Wärmepumpe
Nutzung der Umgebungswärme

Bedeutung

Mittels einer Wärmepumpe kann Wärme erzeugt werden, ohne nicht erneuerbare Energieträger wie Erdöl und Erdgas zu verbrauchen. Allerdings benötigt die Wärmepumpe einen Teil elektrischen Strom. Sie funktioniert umgekehrt wie ein Kühlschrank. Mit der Hilfe von Strom entzieht sie der Umgebung (Luft, Wasser oder Boden) Wärme und wandelt sie in Energie für Heizung und Warmwasser um.
Durch den Einsatz einer Wärmepumpe wird meist sehr viel Platz eingespart. Es braucht weder einen Kamin noch einen Öltank. Das Gerät besitzt etwa die Größe von zwei Waschmaschinen.

Umsetzung

Sinnvoll ist der Einsatz von Wärmepumpen bei gut gedämmten Gebäuden und einem Heizverteilsystem mit niedriger Vorlauftemperatur. Die zwei gebräuchlichsten Typen sind die Luft-Wasser-Wärmepumpe mit Außenluft als Wärmequelle und die Sole-Wasser-Wärmepumpe mit Erdkollektoren oder Erdsonden.
Eine Luft-Wasser-Wärmepumpe hat den Nachteil, dass die Leistung bei tiefen Außentemperaturen unter minus 2 °C erheblich verschlechtert und der Stromverbrauch entsprechend erhöht wird. Über das ganze Jahr betrachtet erreicht eine solche Anlage eine Gesamtjahresarbeitszahl von rund 2,5, das heißt es braucht 1 kWh Strom, um 2,5 kWh Wärme zu erhalten. Aus ökologischer Sicht ist eine Erdreich-Wärmepumpe sinnvoller.
Bei der Erdreich-Wärmepumpe wird die Wärme dem Boden entzogen. Der Vorteil liegt darin, dass die Temperatur des Bodens über das ganze Jahr sehr viel konstanter ist. Sie liegt im Mittel um 10°C. Dadurch verbessert sich die Gesamtjahresarbeitszahl auf 3,0 bis 4,0. Eine Mindest-Gesamtjahresarbeitszahl sollte mit den Planern vertraglich geregelt werden.

Kosten

Der Haustechnikplaner ist in der Lage, für die verschiedenen Heizsysteme Kostenvergleiche zu erstellen sowie die Möglichkeiten von Subventionen und günstigeren Stromtarifen zu klären. Generell sind Wärmepumpen in Großanlagen zur Versorgung mehrerer Einheiten (z. B. Mehrfamilienhäuser, Reihenhauszeilen) wirtschaftlicher einzusetzen als in Kleinanlagen.

Verglichen werden die beiden Wärmepumpensysteme Luft-Wasser (bivalente Betriebsweise, d.h. in Verbindung mit einem Heizkessel) und Sole-Wasser mit Erdkollektoren (monovalent) mit einer traditionellen Ölheizung. Die Lebensdauer aller drei Systeme ist vergleichbar; ca. 15 Jahre für Heizkessel/ Wärmepumpe und ca. 30 Jahre für bauliche Anlageteile. Grundlage ist ein Einfamilienhaus mit 7kW Normwärmebedarf.

Heizsystem EFH	Wärmepumpe		Ölheizung	
	Luft-Wasser (bivalent)	Sole-Wasser mit Erdgas- kollektoren (monovalent)		
Investitionskosten	ca. DM 45.000,–	ca. DM 40.000,–	ca. DM 35.000,–	
	ca. € 23.008,–	ca. € 20.452,–	ca. € 17.895,–	
Betriebskosten pro Jahr	ca. DM 1.800,–	ca. DM 1.250,–	ca. DM 1.100,–	
	ca. € 920,–	ca. € 639,–	ca. € 562,–	
Energiekosten pro Jahr	ca. DM 1.300,–	ca. DM 850,–	ca. DM 800,–	
	ca. € 665,–	ca. € 435,–	ca. € 409,–	

Die Errichtung einer Wärmepumpen-Heizung wird vom Bund im Rahmen des Marktanreizprogramms zur Nutzung Erneuerbarer Energien finanziell gefördert, soweit die Anlage mit Strom aus regenerativen Energien betrieben wird. Auch in einigen Bundesländern werden Wärmepumpenanlagen gefördert. In Bayern ist diese Förderung an die Effizienz der Anlage gekoppelt.

Informationen

Jetzt erneuerbare Energien nutzen, Ratgeber für Verbraucher, Anwendungsbeispiele, Förderprogramme und Adressen, Bundesministerium für Wirtschaft und Technologie BMWi, Bestellfax: 0228/42 23-462, Internet: www.bmwi.de
Wärmepumpen, Informationsblatt Nr. 44, Hinweise zum Energiesparen, Bayerisches Staatsministerium für Wirtschaft, Verkehr und Technologie, Internet: www.stmwvt.bayern.de
Initiativkreis Wärmepumpe e.V., Informations- und Beratungsunterlagen, Liste von Herstellern und Vertreibern von Wärmepumpen, Internet: www.waermepumpe-iwp.de

Siehe auch

Betriebskosten, Energieeinsparverordnung, Finanzierungen

161

Wasserleitungen
Vieles spricht für Kunststoff

Bedeutung

Trinkwasser

Die Wasserleitungen führen das wichtigste Lebensmittel mit sich. Die Leitungen sollen auch nach langer Zeit die Qualität des Trinkwassers nicht beeinträchtigen. Das ist erfahrungsgemäß nicht bei allen Materialien der Fall. Verzinkte Stahlrohre geben vor allem bei weichem Wasser vermehrt Zink ans Trinkwasser ab und korrodieren so relativ rasch. Kupferrohre korrodieren ebenfalls um so schneller, je weicher das Wasser ist. Kupfer und Zink gehören weder ins Trinkwasser noch ins Abwasser.

Eine gute Alternative sind Kunststoffrohre, die aber noch wenig gebräuchlich sind. Sie können nicht korrodieren, geben keine Stoffe ans Trinkwasser ab und sind letzten Endes in der Herstellung weniger ressourcenintensiv und umweltbelastend als die schweren Metallrohre aus verzinktem Stahl oder Edelstahl.

Abwasser

Für die in der Entsorgung problematischen PVC-Rohre gibt es im Bereich der Abwasserleitungen Polyethylen- oder Faserzementrohre, die weniger Umweltprobleme verursachen. PVC-Rohre sind zudem wegen beschränkter Temperaturbeständigkeit weniger zu empfehlen. Bei erhöhten Anforderungen an den Schallschutz müssen schallgedämmte PE-Rohre oder Faserzementrohre verwendet werden. Diese sind in der Herstellung auch wesentlich ressourcenschonender als die schweren Rohre aus Gusseisen.

Umsetzung

Aus ökologischen und gesundheitlichen Gründen sind folgende Rohrmaterialien zu verwenden:

Trinkwasserrohre

Vernetztes Polyethylen (VPE) oder Polyethylenrohr mit Aluminiumkern

Abwasserrohre

Polyethylenrohr (HD-PE), Polyethylen schallgedämmt oder Faserzement

Kosten

Die Sanitärarbeiten machen in der Regel zwischen 6 und 10 % der Bausumme aus, davon machen die Rohrleitungen inklusive Montage und Zubehör etwa 50 % aus. Für verschiedene Systeme gelten folgende Richtpreise (inkl. Montage):

Trinkwassersystem DN 20		DM pro m Euro pro m	Abwassersystem DN 100		DM pro m Euro pro m
vernetztes Polyethylen (VPE)	DM	45,– bis 50,–	Polyethylen (HD-PE)	DM	70,– bis 75,–
	€	23,– bis 26,–		€	36,– bis 38,–
PE/Aluminium (Mepla-Rohr)	DM	45,– bis 50,–	Polyethylen	DM	100,– bis 120,–
	€	23,– bis 26,–	schallgedämmt	€	51,– bis 61,–
Edelstahl	DM	45,– bis 50,–	Gusseisen	DM	105,– bis 115,–
	€	23,– bis 26,–		€	54,– bis 59,–
Stahlrohr verzinkt	DM	ca. 45,–	Faserzement	DM	100,– bis 105,–
	€	ca. 23,–		€	51,– bis 61,–
Kupferrohr	DM	50,– bis 60,–	PVC	DM	ca. 105,–
	€	26,– bis 31,–		€	ca. 61,–

Siehe auch

Bauproduktinformationen, Regenwassernutzung

Wintergarten

Eine Investition für mehr Lebensqualität

Bedeutung

Wintergärten dienen in erster Linie der Steigerung der Wohnqualität. Ein Wintergarten ist keine Wohnzimmer-Erweiterung mit analoger Nutzung. Er ist ein spannender Ort, umgeben von Glas und direkt erlebbarem Außenraum, aber auch mit entsprechenden Temperaturschwankungen. Überhitzungen im Sommer sind die häufigsten Probleme.

Wintergärten, wie übrigens auch Balkonverglasungen, sind keine Energiegewinnsysteme. Es lassen sich höchstens Wärmeverluste reduzieren, und zwar im Wandbereich, der unmittelbar an den Wintergarten angrenzt. Der Wintergarten hat somit die Funktion einer Pufferzone zum Außenklima. Bei falscher Benutzung können Wintergärten sogar Energieverschwender sein. Dies ist der Fall, wenn die Wintergartentemperatur tiefer ist als die Raumtemperatur im Gebäudeinnern und gleichzeitig die Türen zum Wintergarten hin offen gelassen werden.

Umsetzung

Orientierung

Orientierung nach Süden bis Westen erlaubt eine optimale Benutzung von mittags bis abends.

Sonnenschutz/Lüftung

- Außenseitiger Sonnenschutz: beste Wirkung, unterhaltsintensiv, vor allem bei Schrägverglasungen
- Innenseitiger Sonnenschutz: reduzierte Wirkung, unter Umständen kostengünstiger, Wärmeabfluss durch Lüftung zwischen Sonnenschutz und Verglasung unabdingbar
- Keine Tür- und Fensterdichtungen: natürlicher Luftaustausch zur Abfuhr sich ansammelnder Feuchtigkeit
- Querlüftung: Vermeidung von Überhitzungen
- Möglichst große Öffnungen wie mit Faltwänden, idealerweise auf zwei Seiten: rasches und effizientes Lüften bei Überhitzungen

Konstruktion

- Möglichst geringer Glasanteil bei der Dachschräge: weniger Überhitzung, geringere Kosten durch einfachere Konstruktion, weniger Unterhalt
- Boden aus Beton oder Stein: Wirkung eines Wärmespeichers, angenehme Wärmeabgabe an kühleren Abenden
- Isolierverglasung: Vermeidung von Kondenswasserbildung, langsamere Auskühlung, geringere Frostgefährdung (U-Werte<1,6 W/m²K)
- Wärmegedämmte Metallkonstruktion zur Vermeidung von Kondenswasser bei den Profilen selbst

Kosten

Für eine Konstruktion mit Isolierverglasung und wärmegetrennten Profilen inkl. Sonnenschutz ist mit Kosten von DM 1.500,– bis 2.000,– (€ 767,– bis 1023,–) pro m² Wand- und Deckenfläche, zu rechnen.
Wesentlich günstiger sind Einfachverglasungen mit nicht wärmegetrennten Profilen, Konstruktionen, mit denen sich Kondenswasserbildungen und rasche Auskühlungen jedoch nicht vermeiden lassen.

Informationen

Unbeheizte Wintergärten, Informationsblatt Nr. 26, Hinweise zum Energiesparen, Bayerisches Staatsministerium für Wirtschaft, Verkehr und Technologie, Internet: www.stmwvt.bayern.de
Wintergarten, Ratgeber Bauen, Wohnen, Energie der AGV Arbeitsgemeinschaft der Verbraucherverbände e.V., Internet: www.agv.de

W

Wohnungsflexibilität

Aus einer Wohnung werden zwei

Bedeutung

Die Wohnungsflexibilität basiert auf dem Abtrennen eines Zimmers (oder zwei) innerhalb einer Wohnung zu einer Einheit mit Nasszelle und minimaler Kochgelegenheit. Mit dieser Maßnahme kann auf einfache Art und Weise auf Veränderungen der Lebens- und Arbeitsgewohnheiten innerhalb der Familie reagiert werden (zum Beispiel als separates Zimmer für Kinder in der Pubertät, für Großeltern, für einen zusätzlichen Arbeitsbereich). Unternutzungen werden vermieden, teure bauliche Veränderungen sind nicht notwendig, was sowohl ökonomisch wie ökologisch sehr sinnvoll ist.

Umsetzung

Eine gewünschte Wohnungsflexibilität ist frühzeitig zu fordern, bevor mit den eigentlichen Projektierungsarbeiten begonnen wird. Nachträgliche Forderungen lassen sich kaum mehr oder nur noch mit großem Aufwand verwirklichen.

Im Beispiel erfolgt die Abtrennung durch das Schließen einer Türe und das Versetzen eines Türabschlusses. Zudem wird der Schrank zu einer Koch-nische umgewandelt. Diese Veränderungen können vorgenommen werden, ohne dass das Bewohnen der übrigen Räume beeinträchtigt wird.

4¹/₂-Zimmer-Wohnung

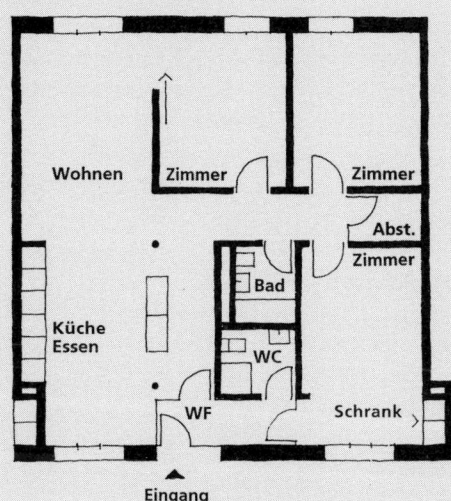

3¹/₂- plus 1-Zimmer-Wohnung

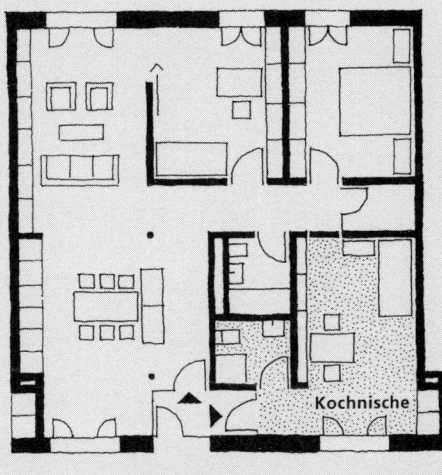

Beispiel einer 4¹/₂-Zimmer-Wohnung mit abtrennbarer 1-Zimmer-Wohnung

Kosten Minimal, sofern die Abtrennung bei der Projektierung eingeplant worden ist (zum Beispiel die notwendigen Sanitärinstallationen in der Kochnische als Vorinvestition), sehr hoch, wenn nachträglich bauliche Veränderungen vorgenommen werden müssen.

Siehe auch Gebäudestruktur, Grundrissflexibilität, Möblierungsflexibilität

W

167

Zu- und Abluftanlagen
Bequem und einfach frische Luft

Bedeutung

Mit Zu- und Abluftanlagen lässt sich der optimale, auf BenutzerInnen angepasste Luftwechsel erreichen (siehe auch Katalogthema Lüftungskonzepte). Vorteile einer solchen Anlage sind:

- der kontinuierliche Abtransport von Feuchtigkeit und Schadstoffen aus dem Gebäudeinnern, vor allem bei Abwesenheit der BenutzerInnen wie durch Berufstätigkeit und Ferien,
- die kontinuierliche Zufuhr von Außenluft, vor allem bei geschlossenen Fenstern an stark lärmbelasteten Straßen und aus Gründen des Einbruchschutzes,
- die Möglichkeit, mittels Filter die Außenluft von Pollen und Staub zu reinigen,
- die Möglichkeit, im Winter über einen Wärmetauscher der Abluft Wärme zu entziehen und diese der Zuluft zuzuführen und damit Energie zu sparen.

Zu- und Abluftanlagen erfordern ein Verständnis und eine Akzeptanz der BewohnerInnen. Nur dann lassen sich die Vorteile auch wirklich nutzen. Selbstverständlich können Fenster in Ausnahmesituationen geöffnet werden, nur macht es keinen Sinn, diese über Kippstellungen ständig offen zu halten.

Umsetzung

Zu beachtende Punkte bei der Planung
- Möglichst frühzeitiges Gespräch zwischen allen Beteiligten, vor allem mit dem Haustechnikplaner
- Berücksichtigung des notwendigen Platzbedarfes für Wärmerückgewinnungsgerät und Kanäle bereits im Entwurfsprozess (ist komplizierter bei Umbauten, jedoch noch mit vernünftigem Aufwand machbar)

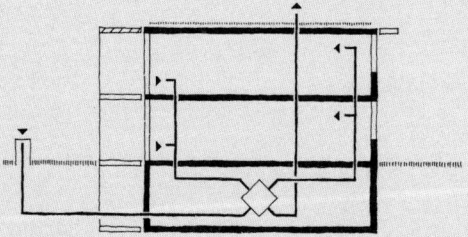

Zu beachtende Punkte bei der Ausführung

- Kanäle möglichst zusammengefasst und vertikal führen, lange Horizontalverteilungen vermeiden
- Kontrollöffnungen vorsehen, die sowohl eine Reinigung wie den Ersatz der Kanäle ermöglichen
- Lufteintritts- und Luftaustrittsöffnungen so platzieren, dass weder störende Zugerscheinungen noch akustische Belästigungen vorkommen
- Möglichkeit des Ein- und Ausschaltens (eventuell in zwei Stufen) durch BenutzerInnen

Zu beachtende Punkte bei der Inbetriebnahme und beim Betrieb

- Sachliche Information der BewohnerInnen über die Benutzung der Anlage
- Instruktion des Betreibers über die Wartung der Anlage
- Regelmässige Wartung der Anlage, vor allem der Filter (1- bis 2-mal jährlich, je nach Verschmutzung)

Kosten

Die Kosten betragen für ein Einfamilienhaus ca. DM 10.000,– bis 15.000,–/ € 5.114,– bis 7.669,–). Die Energieeinsparung pro Jahr ist dagegen eher bescheiden. Durch sie alleine lässt sich eine solche Anlage nicht rechtfertigen. Die Vorteile einer besseren Raumluft und damit des gesundheitlichen Aspektes sind beachtlich, lassen sich hingegen nicht in einem Geldbetrag fassen.

Informationen

Lüftung im Wohngebäude, Energiesparinformationen Nr. 8, **Kontrollierte Wohnungslüftung**, Energiesparinformationen Nr. 9, Hessisches Ministerium für Umwelt, Landwirtschaft und Forsten, Internet: www.mulf.hessen.de

Siehe auch

Außenlärm, Betriebskosten, Feuchtigkeit, Finanzierungen, Innenlärm, Innenraumluft, Lüftungskonzepte, Passivhäuser

Z

Zusammenarbeit

Sich Zeit nehmen lohnt sich

Bedeutung

Basis des Bauens bilden verschiedene Partnerschaften mit BauherrInnen auf der einen Seite und diversen Personen wie Architekten, Bauingenieure, HLKSE-Ingenieur (Heizung/Lüftung/Klima/Sanitär/Elektro), Unternehmer, Generalunternehmer usw. auf der anderen Seite. Der Erfolg eines Bauprojektes hängt wesentlich davon ab, wie und was für PartnerInnen gewählt werden. Unabhängig von der Projektorganisation, das heißt ob gebaut wird mit

- ArchitektInnen-Unternehmer
- ArchitektInnen-Generalunternehmer
- Generalplaner-Unternehmer
- Generalplaner-Generalunternehmer oder
- Generalübernehmer

sind bei der Wahl eines Partners die folgenden Punkte zu beachten:

Umsetzung

Vorabklärungen

Es lohnt sich, für die Wahl des Partners genügend Zeit vorzusehen. Ein überstürztes Vorgehen verunmöglicht ein gegenseitiges Kennenlernen und die Klärung von Fragen wie

- Was für Aufgaben hat der Partner schon gelöst beziehungsweise was für Objekte hat er bereits realisiert? Sind frühere Auftraggeber mit seinen Leistungen zufrieden?
- Arbeitet er teamorientiert (interdisziplinär)?
- Ist er bereit, sich selbst und seine eigenen Ideen auch kritisch zu hinterfragen?
- Ist er bereit, jederzeit über die finanziellen Auswirkungen seiner Vorschläge zu diskutieren?
- Kann der Partner zuhören? Nimmt er mich ernst? Ist er konfliktfähig?

Gute Lösungen brauchen Zeit

Vorsicht ist geboten bei Partnern,

- die immer und sofort eine Lösung zur Hand haben und
- die diese Lösung als so genannte Superlösung anbieten.

Gute Lösungen zu erarbeiten ist mit entsprechendem Zeitaufwand verbunden, vor allem wenn sie auf die individuellen Bedürfnisse der BauherrInnen Rücksicht nehmen. So genannte Superlösungen mit einem Null-Risiko gibt es nicht. Jede Tätigkeit ist mit einem gewissen Risiko verbunden. Fähige PartnerInnen sind in der Lage, Chancen und Risiken einer Lösung aufzuzeigen und mit den BauherrInnen im Sinne eines Risikomanagements die folgenden Fragen zu diskutieren:

- Wie können das Risiko verkleinert und die Chancen für das Gelingen vergrößert werden?
- Wie kann das Risiko auf Dritte verlagert werden?
- Wie kann das Restrisiko durch die BauherrInnen selbst übernommen beziehungsweise wie kann damit umgegangen werden?

ArchitektInnen als wichtigste Partner
Wichtigste Partner sind die ArchitektInnen. Sie sind nebst den BauherrInnen die zentralen Personen während des gesamten Bauprozesses, umfassend die Projektierung und Realisierung. Fähige ArchitektInnen sind in der Lage, auf die Bedürfnisse der BauherrInnen einzugehen. Dies ist aber nur möglich, wenn die Bedürfnisse zu Beginn der Projektierung durch die Auftraggeber auch genügend klar formuliert worden sind. Der Zielkatalog ist das geeignete Instrument dazu.

Bei großen und komplexen Bauvorhaben werden für Vorabklärungen öfters Fachleute mit spezifischen Kenntnissen unter anderem auch in Marketingfragen eingesetzt.

Bei Bauvorhaben üblicher Größe hingegen ist es sinnvoll, die für die Projektierung und Realisierung vorgesehenen ArchitektInnen auch für die Vorabklärungen beizuziehen. In diesem Falle haben sie sich über die entsprechenden Kenntnisse auszuweisen und sich des erwähnten Interessenkonfliktes bewusst zu sein.

Siehe auch	Architektenvertrag

Z

Alphabetische Liste der im Katalog von A-Z genannten Informationsquellen mit vollständigen Adressen (soweit möglich, z.B. nicht bei reinen Internetadressen):

**Arbeitsgemeinschaft der
Verbraucherverbände (AgV) e.V.**
Heilsbachstraße 20
53123 Bonn
Tel.: 0228/6489 - 0
Fax: 0228/644258
E-Mail: mail@agv.de
Internet: www.agv.de

Arbeitsgemeinschaft Holz e.V.
Postfach 300141
40401 Düsseldorf
Tel.: 0211/47818 - 0
Fax: 0211/452314
E-Mail: argeholz@argeholz.de
Internet: www.argeholz.de

Architektenkammern in Deutschland
Internet: www.architektenkammer.de

**Bayerisches Staatsministerium für
Wirtschaft, Verkehr und Technologie**
80525 München
Tel.: 089/2162 - 01
Fax: 089/2162 - 2760
E-Mail: info@stmwvt.bayern.de
Internet: www.stmwvt.bayern.de

**Bayerisches Staatsministerium für
Landesentwicklung und Umweltfragen**
Rosenkavalierplatz 2
81925 München
Tel.: 089/9214 - 0
Fax: 089/9214 - 2266
E-Mail: poststelle@stmlu.bayern.de
Internet: www.stmlu.bayern.de

**Bundesdeutscher Arbeitskreis für
Umweltbewusstes Management e.V.
(B.A.U.M. e.V.)**
Osterstraße 58
20259 Hamburg
Tel.: 040/4907 - 100
Fax: 040/4907 - 199
E-Mail: info@BAUMev.de
Internet: www.solar-na-klar.de

**Bundesministerium für Wirtschaft
und Technologie (BMWi)
Referat Öffentlichkeitsarbeit**
Scharnhorststraße 34-37
10115 Berlin
Tel.: 030/2014 - 6141
Fax: 030/2014 - 5208
E-Mail: bueroli@bmwi.bund.de
Internet: www.bmwi.de

**Bundesministerium für Verkehr, Bau-
und Wohnungswesen (BMVBW)
Referat Öffentlichkeitsarbeit**
Krausenstraße 17-20
10117 Berlin
Tel.: 030/2008 - 3060
E-Mail: buergerinfo@bmvbw.bund.de
Internet: www.bmvbw.de

Bundesverband Solarenergie (BSE) e.V.
Elisabethstraße 34
80796 München
Tel.: 089/27813424
Fax: 089/27312891
E-Mail: info@solarindustrie.com
Internet: www.solarindustrie.de

**Bürger-Information Neue Energie-
techniken, Nachwachsende Rohstoffe,
Umwelt (BINE)**
Mechenstraße 57
53129 Bonn
Tel.: 0228/92379 - 0
Fax: 0228/92379 - 29
E-Mail: bine@fiz-karlsruhe.de
Internet: bine.fiz-karlsruhe.de

**Deutscher Arbeitsring für Lärmbekämp-
fung e.V. (DAL)
Informationszentrum Lärm**
Frankenstraße 25
40476 Düsseldorf
Tel.: 0211/488499
Fax: 0211/442634
E-Mail: IZLaerm@dalaerm.de
Internet: www.dalaerm.de

**Deutscher Fachverband Solarenergie e.V.
(DFS)**
Bertoldstraße 45
79098 Freiburg
Tel.: 0761/296209 - 0
Fax: 0761/296209 - 9
E-Mail: dfs.freiburg@t-online.de
Internet: www.dfs.solarfirmen.de

EnEV-online
Internet: www.enev-online.de

**fbr Fachvereinigung
Betriebs- und Regenwassernutzung e.V.**
Havelstraße 7a
64295 Darmstadt
Tel.: 06151/339257
Fax: 06151/339258
Internet: www.fbr.de

Fördergemeinschaft Gutes Licht
Postfach 701261
60591 Frankfurt a.M.
Tel.: 069/6302 - 293
Fax: 069/6302 - 317
E-Mail: licht@zvei.org
Internet: www.licht.de

FSC Arbeitsgruppe Deutschland e.V.
Rennerstraße 22
79106 Freiburg
Tel.: 0761/6966433
Fax: 0761/6966434
E-Mail: info@fsc-deutschland.de
Internet: www.fsc-deutschland.de

Hessisches Ministerium für
Umwelt, Landwirtschaft und Forsten
Bereich Umwelt und Energie
Mainzer Straße 80
65189 Wiesbaden
Tel.: 0611/815 - 0
Fax: 0611/815 - 1941
E-Mail: poststelle@mulf.hessen.de
Internet: www.mulf.hessen.de

IHB Internationale Holzbörse
Ludwigstraße 45
85399 Hallbergmoss
Tel.: 0811/99996 - 0
Fax: 0811/99996 - 99
Internet: www.energieholzboerse.de

Initiativkreis Wärmepumpe e.V. (IWP)
Elisabethstraße 34
80796 München
Tel.: 089/2713021
Fax: 089/2710156
E-Mail: info@waermepumpe-iwp.de
Internet: www.waermepumpe-iwp.de

Institut für Solartechnik SPF
Hochschule Rapperswil HSR
Oberseestraße 10
CH-8640 Rapperswil
Tel.: 0041/55 2224821
Fax: 0041/55 2106131
E-Mail: spf@solarenergy.ch
Internet: www.solarenergy.ch

Landesinstitut für Bauwesen
des Landes NRW
Theaterplatz 4
52062 Aachen
Tel.: 0241/455 - 01
Fax: 0241/455 - 221
E-Mail: Poststelle@lb.nrw.de
Internet: www.lb.nrw.de

nova-Institut GmbH
Abteilung Elektrosmog
Goldenbergstraße 2
50354 Hürth
Tel.: 02233/943684
Fax: 02233/943583
E-Mail: EMF@nova-insitut.de
Internet: www.nova-institut.de

Passivhaus Institut Darmstadt
Dr. Wolfgang Feist
Rheinstraße 44/46
64283 Darmstadt
Tel.: 06151/82699 - 0
Fax: 06151/82699 - 11
E-Mail: Passivhaus@t-online.de
Internet: www.passiv.de

Stiftung Warentest
Internet: www.warentest.de

Umweltbundesamt
Zentraler Antwortdienst
Postfach 330022
14191 Berlin
Tel.: 030/8903 - 2400
Fax: 030/8903 - 2912
Internet: www.umweltbundesamt.de

Umweltzeichen „Blauer Engel"
Internet: www.blauer-engel.de

Vereinigung ZimmerMeisterHaus
Eisenacher Straße 17
80804 München
Tel.: 089/36085 - 150
Fax: 089/36085 - 100
E-Mail: webmaster@zimmerer-bayern.com
Internet: www.zmh.com

Checkliste zur Überprüfung Ihrer Bauherrenforderungen

Strategische Planung ▶ Vorstudien

1 Diskutieren Sie die Kriterien Raumgröße, Raumorganisation, Raumqualität und Flexibilität anhand der ersten Grundriss- und Schnittpläne.

2 Lassen Sie sich die Kompaktheit verschiedener Varianten anhand der Kenndaten Nutzfläche, Gebäudehüllenfläche und Volumen erklären.

3 Gleichartige Zonen können für Sie durch verschiedenfarbig bezeichnete Flächen in Grundriss- und Schnittplänen besser erkennbar gemacht werden.

4 Stellen Sie die Frage nach der Möglichkeit einer Vorfabrikation des projektierten Objektes sowie nach der Zeit- und Kosteneinsparung.

5 Lassen Sie sich die schützenden Elemente anhand der Fassadenpläne erklären und allfällige Konsequenzen aufzeigen.

6 Für Sie ist die Auswechselbarkeit z. B. von Bodenbelägen, Fenstern, Fassadenverkleidungen usw. nicht einfach zu erkennen; lassen Sie sie anhand von Plänen speziell erläutern.

7 Lassen Sie sich die Zugänglichkeit von Schächten und Installationen erläutern.

8 Besprechen Sie die Reinigung und Renovierbarkeit der vorgesehenen Materialien z. B. für Böden und Wände. Bringen Sie Ihre eigenen Erfahrungen und Wünsche ein.

9 Sind die Möglichkeiten der Nutzung erneuerbarer Energien ausreichend berücksichtigt? Lassen Sie sich eine Kosten-Nutzen-Rechnung erstellen und die betrieblichen Vor- und Nachteile erläutern.

10 Lassen Sie die Graue Energie als Leitgröße für Ressourcen schonende Materialien für verschiedene Konstruktionsvarianten abschätzen.

11 Wird durch die vorgesehene Umgebungsgestaltung die Artenvielfalt von Pflanzen und Tieren gefördert?

12 Darstellungen mittels Handskizzen, Modellen und CAD-Simulationen helfen Ihnen eine räumliche Vorstellung der Innenräume zu erhalten.

13 Lassen Sie sich die Vor- und Nachteile der verschiedenen Möglichkeiten der Lüftung detailliert erläutern und die Konsequenzen für Sie als NutzerIn aufzeigen.

14 Fragen Sie nach den Massnahmen, die getroffen wurden, um das Risiko von lästigen oder gesundheitsschädigenden Stoffen aus Baumaterialien zu minimieren.

15 Fragen Sie nach den Radonabklärungen und lassen Sie sich auf den Plänen die Distanz zwischen den zu schützenden Bereichen, wie Schlafplätzen, und den elektrischen Steigleitungen zeigen.

16 Fordern Sie einen Vergleich des Energiebedarfes nach den gesetzlichen Vorschriften, lassen Sie sich die baulichen und finanziellen Konsequenzen aufzeigen.

17 Fragen Sie nach der Wirtschaftlichkeit der Regenwassernutzung und anderer Wasser sparender Maßnahmen.

18 Achten Sie beim Kauf der Haushaltselektrogeräte auf einen minimalen Stromverbrauch.